Juan Patricio Anchordoquy

Rol del manganeso durante la maduración de los ovocitos de bovino

Juan Patricio Anchordoquy

Rol del manganeso durante la maduración de los ovocitos de bovino

PUBLICIA

Impressum / Aviso legal
Bibliografische Information der Deutschen Nationalbibliothek: Die Deutsche Nationalbibliothek verzeichnet diese Publikation in der Deutschen Nationalbibliografie; detaillierte bibliografische Daten sind im Internet über http://dnb.d-nb.de abrufbar.

Información bibliográfica de la Deutsche Nationalbibliothek: La Deutsche Nationalbibliothek clasifica esta publicación en la Deutsche Nationalbibliografie; los datos bibliográficos detallados están disponibles en internet en http://dnb.d-nb.de.

Coverbild / Imagen de portada: www.ingimage.com

Verlag / Editorial:
PUBLICIA
ist ein Imprint der / es una marca de
OmniScriptum GmbH & Co. KG
Bahnhofstraße 28, 66111 Saarbrücken, Deutschland / Alemania
Email / Correo Electrónico: info@editorial-publicia.com

Herstellung: siehe letzte Seite /
Publicado en: consulte la última página
ISBN: 978-3-639-55483-0

Zugl. / Aprobado por: La Plata, Universidad Nacional de la Plata, Tesis Doctoral, 2012

ROL DEL MANGANESO DURANTE LA MADURACIÓN DE LOS OVOCITOS DE BOVINO

Palabras claves: manganeso, maduración in vitro, ovocito bovino, daño oxidativo, blastocisto.

Resumen

El presente trabajo de tesis consistió en evaluar el efecto del manganeso (Mn) durante la maduración de los ovocitos de bovino y el desarrollo embrionario preimplantacional. Para tal fin, se han establecido los siguientes objetivos: 1) Estudiar el efecto de distintas concentraciones de Mn sobre la maduración del ovocito bovino; 2) Evaluar el efecto de distintas concentraciones de Mn durante la maduración *in vitro* (MIV) sobre la capacidad de desarrollo posterior hasta el estadio de blastocisto y 3) Determinar el rol de las células del cúmulus (CC) como puente metabólico entre el medio externo y el ovocito. Para ello, se utilizó como modelo experimental, la técnica de Producción *in vitro* (PIV) de embriones bovinos que comprende tres etapas: MIV, Fertilización *in vitro* y Cultivo *in vitro* de embriones hasta el estadio de blastocisto. La PIV se realizó con ovocitos obtenidos a partir de ovarios bovinos de frigorífico. Los resultados mostraron que: 1) El agregado de Mn al medio de maduración incrementó la concentración intracelular de GSH-GSSG en el ovocito y las CC, 2) disminuyó la tasa de apoptosis y el daño en el ADN en dichas células y 3) aumentó la actividad SOD en los complejos ovocitos-cúmulus. Además, 4) el agregado de Mn incrementó la tasa de blastocistos y 5) mejoró la calidad de los embriones. La tasa de blastocistos aumentó independientemente de la presencia de CC durante la MIV. En consecuencia, todas las evidencias obtenidas sugieren que el Mn actuaría como un factor importante durante la maduración del ovocito bovino favoreciendo el desarrollo embrionario temprano. Esta evidencias sugieren además, la posible existencia de transportadores de Mn en el ovocito.

EFFECT OF MANGANESE DURING IN VITRO MATURATION OF BOVINE OOCYTES

Key words: manganese, *in vitro* maturation, bovine oocyte, oxidative damage, blastocyst.

Abstract

This study evaluated the effect of manganese (Mn) during bovine oocyte maturation and preimplantational embryo development. For this purpose, we have established the following objectives: 1) Effect of different Mn concentrations on *in vitro* maturation (IVM) of bovine oocytes; 2) Effect of different Mn concentrations during IVM of bovine oocytes on subsequent embryo development to the blastocyst stage, and 3) Role of cumulus cells (CC) as metabolic bridge between the external medium and the oocyte. For this end, bovine *in vitro* embryo production (IVP) was used as experimental model. The IVP technique consists of three steps: IVM, *in vitro* fertilization and *in vitro* culture of embryos until blastocyst stage. The IVP was performed using bovine oocytes obtained from slaughterhouse ovaries. The results obtained here showed that: 1) The addition of Mn to IVM medium increased intracellular GSH-GSSG content in oocytes and CC; 2) The rates of apoptosis and DNA damage, in both oocytes and CC, were reduced when Mn was added to IVM medium; 3) SOD activity was higher in cumulus-oocyte complexes matured with the addition of Mn to IVM medium; 4) the addition of Mn in IVM medium improved the blastocyst rate and embryo quality; 5) the percentage of blastocysts was enhanced regardless of the presence of CC during IVM. Consequently, all evidences obtained suggest that Mn acts as an important factor during bovine oocyte maturation promoting early embryo development. Besides, these evidences suggest that Mn transporters might exist in the oocytes.

Indice

Introducción

1.1 Aspectos históricos

Desde principios de siglo XX, se han realizado diversos estudios para comprender el proceso de la fecundación en mamíferos. Estos estudios contribuyeron en gran medida al conocimiento de la biología de la reproducción. Para llevar a cabo este tipo de investigaciones fue necesario desarrollar condiciones *in vitro*, similares a aquellas encontradas en el oviducto *in vivo*, que permitieran mantener al óvulo y al espermatozoide en estado funcional.

Los trabajos que estimularon el desarrollo de modelos *in vitro* fueron realizados por el grupo de Pincus durante la década del 30 (Pincus y Enzmann, 1935; Pincus y Saunders, 1939). En estos trabajos se mezclaron espermatozoides y ovocitos maduros de conejo en un medio de cultivo que permitió su viabilidad *in vitro*. Los ovocitos recién fecundados fueron luego transferidos a oviductos de conejas a las cuales había sido inducida la ovulación, lográndose finalmente el nacimiento de las crías. A pesar de este primer logro en mamíferos, a lo largo de la década del 40 muchos de los conocimientos sobre fecundación se basaron en estudios realizados en el erizo de mar. Fue recién en la década del 50 que los estudios sobre la fisiología de la reproducción en mamíferos tomaron un auge inesperado debido al éxito obtenido en la fecundación *in vitro* (FIV) en conejo, ratón y hámster y al descubrimiento del fenómeno de capacitación como proceso fundamental para que el espermatozoide adquiera capacidad fecundante (Austin, 1951; Chang, 1951; Chang, 1968; Chang y col., 1977).

Por otro lado, uno de los estudios más destacados fue realizado por Sreenan (1970) en bovinos, quien utilizó semen de toro preincubado en un medio con α-amilasa con el propósito de intentar fecundar *in vitro* a ovocitos madurados *in vitro*. Sin embargo, fueron

Iritani y Niwa (1977) en Japón, quienes lograron finalmente la fecundación *in vitro* de ovocitos bovinos madurados en cultivo.

Si bien hasta ese momento se habían realizado grandes avances en el modelo bovino *in vitro*, era necesario evaluar la eficacia del sistema con el nacimiento de crías. Fue por esta razón, que unos años más tarde el trabajo de Brackett y colaboradores (1982), provocó un gran impacto ya que informaba del nacimiento en EEUU del primer ternero producido mediante fecundación *in vitro* de ovocitos ovulados y recuperados del oviducto. Casi simultáneamente Lambert y colaboradores (1983), en Canadá, empleando técnicas de laparoscopía para obtener ovocitos directamente del ovario de la hembra en un momento próximo a la ovulación, consiguieron por fecundación *in vitro* dos nuevos nacimientos. Unos años más tarde, Hanada y colaboradores (1986) informaron nacimientos a partir de ovocitos madurados y fecundados *in vitro*. Es importante destacar, que este estudio aportó gran cantidad de información debido a que durante el mismo se implementaron una serie de técnicas: los embriones obtenidos se transfirieron por primera vez en el estadio de blastocisto, luego de ser cultivados en el útero de conejas, y fueron congelados y descongelados antes de ser transferidos a la hembra receptora. Un año más tarde, Lu y colaboradores (1987) obtuvieron en Dublin terneros desarrollados a partir de un procesamiento *in vitro* completo que incluyó las etapas de maduración, fecundación, y cultivo de embriones *in vitro,* proceso que se denominó producción *in vitro* de embriones (PIV).

Este progreso alcanzado en el manejo reproductivo *in vitro* en bovinos también tuvo repercusión en ovinos, porcinos, equinos, caprinos, búfalos y ciervos, teniendo gran auge las investigaciones orientadas hacia las especies en vías de extinción. La mayoría de los trabajos realizados con embriones de rumiantes fueron compilados por Trounson (1992). Entre ellos podemos mencionar los estudios realizados en Francia con ovinos y caprinos por Crozet y colaboradores (1987) utilizando diversas técnicas de capacitación, con la obtención de nacimientos luego de la transferencia de cigotos obtenidas *in vitro*, así como los estudios realizado por Slavik y Fulka (1991, 1992) en Checoslovaquia que lograron nacimientos a partir de embriones obtenidos *in vitro*.

En porcinos, Cheng y colaboradores (1986) consiguieron nacimientos a partir de ovocitos madurados *in vivo*. Sin embargo, el primer informe de desarrollo de embriones madurados y fecundados *in vitro* proviene del trabajo publicado por Mattioli y colaboradores (1989). Si bien en porcinos se han publicado muchos trabajos relacionados con el proceso de la maduración, fecundación y cultivo *in vitro* de embriones, queda mucho por realizar para solucionar los altos niveles de polispermia que presentan (Yoshida y col., 1992; 1993; Zheng y Sirard, 1992; Coy y col., 1993; Clark y col., 2005; Somfai y col., 2008; Gil y col., 2010).

Palmer y colaboradores (1990, 1991) en Nouzilly (Francia) lograron obtener el primer potrillo luego de una FIV empleando ovocitos madurados *in vivo*. Hasta el presente, la fecundación *in vitro* se ha mantenido como una técnica de muy bajo rendimiento en esta especie, sólo se han informado el nacimiento de dos potrillos a partir del empleo de la misma (McPartlin y col., 2009). En equinos, las tasas de fecundación obtenidas por FIV son muy variables (0 a 60%) (Mugnier y col., 2009) y más bajas que las tasas de FIV observadas en el resto de las especies domésticas: Porcinos: 40 a 82,2% (Abeydeera y Day, 1997; Funahashi y Day, 1997; Wang y col., 1997; Nagai y col., 2006; Somfai y col., 2008); Bovinos:

72 a 87% (Hashimoto, 2009; Lopes y col., 2010); Caprinos: 46 a 79,4% (Crozet y col., 1995; Katska-Ksiazkiewicz y col., 2004) y Ovinos: 72,5 a 84,3% (Wan y col., 2009). Esta variabilidad está relacionada a la incompleta maduración *in vitro* del ovocito (Li y col., 2001; Hashimoto, 2009), a la ineficiente capacitación espermática (Alm y col., 2001; Petrunkina y col., 2007) y/o a cambios en la zona pelúcida (Dell´Aquila y col., 1999; Hinrichs y col., 2002, Rienzi y col., 2011). En 1997, Dell´Aquilla y colaboradores (1997) mejoraron las tasas de FIV de ovocitos equinos madurados *in vitro,* utilizando la inyección intracitoplasmática de un espermatozoide (ICSI). Desde entonces, la técnica de ICSI ha sido utilizada como alternativa a la FIV convencional, ya que elimina los problemas relacionados a la unión espermatozoide-ovocito y a la penetración espermática (Ben-Yosef y Shalg , 1998; Goldberg y col., 2007).

En la década del 90, se le prestó especial atención a las funciones que cumplen los aminoácidos (Gardner y col., 1994; Hill y col., 1997), las glicoproteínas (Hunter, 1994), los protectores contra el estrés oxidativo (Yoshida, 1993) y los glicosaminoglicanos (GAGs) presentes en los fluidos folicular, oviductal y uterino (Edelstam y col., 1991; Sato y col., 1990; Carolan y col., 1995)

Todos estos estudios fisiológicos y metabólicos realizados en ovocitos, espermatozoides y embriones de mamífero en relación con el microambiente que los rodea, han permitido ampliar los conocimientos en los campos de la biología de la reproducción. En los últimos años, las investigaciones se han centrado en la regulación ejercida por diversos factores ovocitarios sobre las funciones de las células del cumulus (CC) (Gilchrist y col. 2008), el rol que desempeñan distintos factores de crecimiento durante la maduración *in vitro* del ovocito (Chen y col., 2008; Shabankareh y Zandi, 2010) y en el estudio de las vías metabólicas involucradas en dicho proceso (Sutton-McDowall y col., 2010). También han sido objeto de estudio, la dinámica de los eventos relacionada con los microfilamentos durante la maduración del ovocito y la fecundación (Sun y Schatten, 2006) y, las funciones de las mitocondrias en ovocitos y embriones preimplantacionales (Wang y col., 2009).

La técnica denominada *Ovum Pick-up* (OPU), descripta por primera vez en el bovino por Pieterse y col. (1988) permite obtener ovocitos de una donante por aspiración folicular transvaginal guiada por ecografía (Mapletoft y Hasler, 2005). El uso de OPU, ha permitido incrementar la producción de embriones de una donante determinada mediante la maduración y fecundación *in vitro* de ovocitos (Brogliatti y Adams, 1996; Bols, 2005). Esta técnica, se utilizó para producir embriones a partir de ovocitos de terneras, acortando así el intervalo generacional, o de ovocitos de hembras gestantes (Brogliatti y Adams, 1996; Taneja y col, 2000; Merton y col., 2009). Wilson y colaboradores (2005) plantean la utilización de semen sexado para la fecundación *in vitro* de ovocitos obtenidos por OPU para la producción de vaquillonas de reemplazo de razas lecheras, así como en programas de mejoramiento genético. En el año 2005, los embriones producidos a partir de ovocitos obtenidos por OPU representaron el 30% del total de embriones transferidos en el mundo, siendo Brasil el responsable del 50% de esta producción (Thibier, 2006).

1.2 Ovogénesis

La ovogénesis es el evento de proliferación celular altamente regulado y especializado mediante el cual se forman las gametas femeninas. En los mamíferos, la ovogénesis comienza relativamente temprano durante el desarrollo del feto y termina meses o años más tarde en el momento de la madurez sexual del adulto (Brambell, 1956; Franchi y col.,

1962; Peters, 1969; Baker, 1972, 1982; Zuckerman y Weir, 1977; Jones, 1978). La ovogénesis se inicia con la formación de las células germinales primordiales (CGP) que sufren una serie de transformaciones celulares hasta llegar al estadio de ovogonia. Las ovogonias dan origen por división mitótica a ovocitos primarios, que antes del nacimiento comienzan a dividirse por meiosis, la cual se detiene al llegar al estadio de diplonema de la profase I. Este prolongado lapso de inactividad, llamado dictioteno, culmina cuando se alcanza la pubertad, momento en que se reinicia el proceso de ovogénesis por acción hormonal, alcanzando finalmente el último estadio denominado ovocito secundario.

1.2.1 Células germinales primordiales, migración y proliferación

Los ovocitos se forman a partir de un pequeño número de CGP de origen extragonadal (Clark y Eddy, 1975; Hardisty, 1978; Jones, 1978; Rodman y Barth, 1979; Eddy y col., 1981; Byskov, 1982; Eddy y Hahnel, 1983; Buccione y col., 1990). Las CGP son reconocibles por su tamaño (aproximadamente 12 µm de diámetro), su morfología y sus propiedades citoquímicas. En el ratón, estas células germinales se forman 6 días después de la fecundación (día 6 de desarrollo) en la región proximal del epiblasto cerca del ectodermo extraembrionario por acción de factores externos, principalmente la proteína morfogenética ósea 4 (BMP-4) y por la BMP-8b (Lawson y col., 1999; Ying y col., 2000). En el día 7 de desarrollo se agrupan en la base del alantoides, en el mesodermo extraembrionario, pudiendo ser identificadas por su alto contenido de fosfatasa alcalina (Ginsburg y col., 1990). Las CGP poseen núcleos prominentes, estructuras subcelulares específicas y capacidad migratoria, ya que pueden desplazarse por movimientos ameboides, extendiendo filopodios sobre las células subyacentes. Las CGP migran primero hacia el mesodermo por la línea primitiva y luego hacia el endodermo siguiendo el camino del alantoides. Hacia los 7,5 días de desarrollo, las CGP se ubican en la pared endodérmica del saco vitelino, donde se dividen en dos grupos, que migran en dirección caudal desde el saco vitelino hacia el intestino posterior recientemente formado y desde allí hacia el mesenterio dorsal para alcanzar finalmente la gónada derecha e izquierda, hacia los 11 días de desarrollo. Durante la migración, las células han proliferado de una población de entre 10 a 100 células hasta una de 2500 a 5000 células, llegando a las gónadas la totalidad de las CGP el día 12 de desarrollo.

Aún no se conoce completamente el mecanismo por el cual estas células inician la migración, ni las sustancias quimiotácticas que intervienen en el movimiento direccional hacia la cresta genital. La expresión de un receptor clave en las CGP y/o la expresión de sustancias quimiotácticas secretadas por la cresta genital podrían ser los responsables de iniciar este evento (Edson y col., 2009). Farini y sus colaboradores (2007), en un ensayo de migración *in vitro*, han postulado como una de las principales sustancias quimiotácticas al ligando KIT. Las CGP expresan el receptor c-KIT, mientras que las células somáticas que recubren el sitio de migración expresan el correspondiente ligando kit (LK). Se cree que esta señal LK/c-KIT entre las células de la ruta migratoria y las CGP promueven la supervivencia de estas últimas, su motilidad y su proliferación. El factor derivado del estroma (SDF1), expresado por las células del intestino posterior y la cresta gonadal, es otro factor con acción quimiotáctica. Mientras las células somáticas expresan SDF1, las CGP expresan su receptor, el CXCR-4 (Ara y col., 2003; Molyneaux y col., 2003). Existen además evidencias *in vitro* que sugieren que el esbozo de las gónadas secreta una proteína difusible del tipo TGF-β1 (factor de crecimiento transformante β1) que es capaz de atraer a estas células en su ruta hacia las gónadas (Godin y col., 1990; Godin y Wyle, 1991). Anderson y colaboradores en 1999 postularon la existencia de otra sustancia quimiotáctica, la integrina β1 (un receptor que se une a la fibronectina de la matriz extracelular), al observar que las CGP que no expresaban esta integrina mostraban fallas en la migración y posterior colonización gonadal.

Luego de alcanzar la superficie del epitelio gonadal, las células primordiales migran hacia la corteza del ovario donde, junto con las células epiteliales, dan origen a los cordones sexuales corticales (Franchi y col., 1962; Zuckerman y Baker, 1977; Jones, 1978). Allí, las células germinales diploides, mitóticamente activas, se transforman en ovogonias. Las ovogonias sufren mitosis con división incompleta del citoplasma, originando grupos o "nidos" de células interconectadas unas con otras mediante puentes citoplasmáticos (Aerts y Bols, 2010). Actualmente se cree que el número de divisiones mitóticas que sufre una ovogonia antes de iniciar la meiosis y convertirse en ovocito primario, es fijo para cada especie. El número máximo de células germinales (ovogonias y ovocitos) se alcanza durante la transición de la mitosis a la meiosis (Gondos, 1978). En la vaca esto ocurre a rededor del día 110 del desarrollo. En este momento los ovarios cuentan con más de 2,7 millones de células germinales que se verán reducidas a 70.000 al momento del nacimiento (Erickson, 1966). En la cerda, existen aproximadamente 1 millón de células germinales (número máximo) en el día 50 de desarrollo, mientras que al momento del nacimiento el número se reduce a menos del 50% (Black y Erickson, 1968)

En la mayoría de los mamíferos la proliferación de las ovogonias está restringida al período prenatal o a unos pocos días posteriores al nacimiento (Mauleon, 1967). Por ejemplo, mientras que en primates y rumiantes este proceso se lleva a cabo durante la vida fetal, en roedores y conejos se desarrolla durante el período neonatal temprano, por lo que el ovario presenta luego del nacimiento aproximadamente 8000 ovocitos detenidos en meiosis, los cuales están rodeados por células foliculares (Hirshfield, 1991). Sin embargo, en los lémures la actividad mitótica de las células germinales continúa aún en el adulto (Gerard y Herland, 1953). Si bien una de las doctrinas básicas de la biología indica que la mayoría de las hembras de mamífero pierden la capacidad de renovación de las células germinales durante la vida fetal, quedando fijada la reserva de células germinales al nacimiento (ovocitos primarios), estudios recientes han sugerido la existencia de ovogénesis posnatal en hembras de mamífero (Bukovsky y col., 2004; Johnson y col., 2004, 2005).

Durante el preleptonema (período de la interfase que sigue a la última división mitótica de la ovogonia), el ADN se replica preparándose para iniciar la meiosis, siendo esta actividad sintética el signo que indica que la ovogonia se ha transformado en ovocito primario. En ratón, la meiosis comienza en forma asincrónica entre los días 13,5 y 16,5 de desarrollo. En el día 16,5 todas las células germinales han entrado en meiosis. Estos ovocitos primarios progresan en forma secuencial a través de las etapas de leptonema, zigotene y paquinema, hasta quedar detenidos en diplonema de la profase de la meiosis I. La mayoría de los ovocitos se encuentran en zigotene entre el día 15,5 y 16,5 de desarrollo, en paquinema en el día 17,5 y se encuentran arrestados en diplonema al momento del nacimiento (Nicholas y col., 2009). Los ovocitos primarios necesitan de 3 a 6 horas para completar el leptonema y entre 12 y 40 horas para completar el zigotene. Durante la zigotene los cromosomas homológos forman pares y se produce la sinapsis, dando como resultado cromosomas bivalentes compuestos por cuatro cromátidas. Durante el paquinema, que dura aproximadamente 60 horas, se produce el sobrecruzamiento (*crossing-over*) con la recombinación del material genético. En el día 19 de la embriogénesis aparecen los primeros ovocitos primarios en diplonema con los cromosomas exhibiendo quiasmas como resultado del *crossing-over*. La profase se desarrolla hasta diplonema con síntesis de ARNr, ARNt y ARNm. El proceso de síntesis es muy activo y difícil de detectar en etapas posteriores luego de la ruptura de la vesícula germinal (envoltura nuclear) (Wassarman y Letourneau, 1976; Osborn y Moor, 1983). Los ovocitos primarios detenidos en la etapa de diplotene se caracterizan por ser más grandes y tener más cantidad de organelas citoplasmáticas que sus progenitoras, las ovogonias. Los ovocitos permanecerán detenidos hasta el momento de la atresia folicular o hasta que el folículo completa su crecimiento en respuesta al pico de hormona luteinizante (LH), el cual induce la reanudación de la meiosis, con la consecuente reducción del material genético, convirtiendo de esta manera al ovocito primario en una gameta haploide (van den Hurk y Zhao, 2005)

1.2.2 Foliculogénesis

El crecimiento y desarrollo de los folículos ováricos requiere de una serie de eventos coordinados destinados a inducir cambios morfológicos y funcionales dentro del folículo, con el fin de permitir el adecuado desarrollo del ovocito. El proceso secuencial de reclutamiento y selección de estos folículos, resulta en la producción de un número especifico de folículos ovulatorios para cada raza y especie animal (Bonnet y col , 2008). La formación del folículo primordial, la activación con la consecuente formación del folículo primario y posteriormente del folículo secundario (folículos preantrales), la formación del folículo antral y por último la ovulación, son las principales etapas de la foliculogénesis.

1.2.2.a Formación del folículo primordial

Luego de la meiosis, las células epiteliales de los cordones sexuales envían procesos citoplasmáticos entre los "nidos" de células germinales, separándolos en ovocitos individuales. Esta separación permite la infiltración de células somáticas escamosas planas (células pregranulosas) y la formación de folículos primordiales, que consiste en un único ovocito rodeado por una sola capa de células pregranulosas. En la mayoría de las especies las células somáticas escamosas parecen tener un origen dual, células epiteliales de la superficie que migran hacia el interior del ovario y células derivadas del mesonefros que ascienden a través de éste (van den Hurk y col., 1995; Garrett y Guthrie, 1999; Sawyer y col., 2002). Este evento representa la primera etapa de la foliculogénesis, y se lleva a cabo durante la segunda mitad del desarrollo fetal en humanos e inmediatamente después del nacimiento en los ratones. Los folículos primordiales constituyen la reserva de folículos que permanecerán durante toda la vida reproductiva del individuo (Edson y col., 2009).

1.2.2.b Crecimiento: Folículos preantrales

En la etapa preantral la foliculogénesis se caracteriza por el crecimiento de los ovocitos, la proliferación de las células de la granulosa, y la adquisición de una nueva capa de células somáticas llamada teca. Los folículos primordiales se convierten en folículos primarios tras la hipertrofia de las células planas que rodean al ovocito y que se transforman en células cúbicas. Es muy poco lo que se conoce acerca de los mecanismos que regulan la activación y posterior crecimiento de los folículos primordiales. Sin embargo, su crecimiento depende probablemente de las interacciones celulares ovocito/granulosa (por ejemplo, ligando KIT/c-KIT) así como también, la secreción de factores locales, como por ejemplo, el factor de crecimiento y diferenciación [GDF]-9, las proteínas morfogenéticas óseas [BMP], las activinas, las inhibinas, el factor básico de crecimiento de fibroblastos [bFGF], y el factor de crecimiento epidérmico [EGF] (Webb y col., 2004). La disminución en la disponibilidad de estrógeno podría ser otro factor responsable de iniciar el crecimiento de los folículos primordiales (Chen y col., 2007). A partir de este momento el folículo comienza a crecer en un proceso continuo que está regulado por el ovario y en el cual, el ovocito y las células foliculares que lo rodean crecen coordinadamente, progresando a través de una serie de estadios morfológicos definidos que culminan en la ovulación de un ovocito maduro o en la atresia folicular (Brambell, 1956; Pedersen y Peters, 1968; Peters, 1969; Krarup y col., 1969; Pedersen, 1969; 1970; 1972; Baker, 1972; 1982; Jones, 1978).

El ingreso de los folículos primordiales en la fase de crecimiento ocurre a ritmos relativamente constantes, es decir que periódicamente un grupo de ellos inicia esta etapa. Durante la fase de crecimiento el ovocito permanece detenido en diplonema de la primera profase meiótica e incrementa su tamaño hasta 500 veces, convirtiéndose en una de las células más grandes del organismo. El cambio en el diámetro es acompañado por un incremento en el contenido de ARN de hasta 300 veces y un aumento de hasta 38 veces en la síntesis de proteínas (Schultz y col., 1979; Sternlicht y Schultz, 1981; Wassarman y Albertini, 1994). Además, aumenta el número de mitocondrias que elevan el consumo de oxigeno ya que son portadoras de enzimas oxidativas, se forman los gránulos corticales que contienen mucopolisacáridos y enzimas proteolíticas que se ubican por debajo de la membrana plasmática, se forman microvellosidades en la membrana citoplasmática y aparece la zona pelúcida. Esta última está constituida por glicoproteínas como la ZP1 que mantiene la esfericidad del ovocito y la ZP2 y ZP3 que intervienen en la unión con el espermatozoide (Wassarman, 1990). Posteriormente, Lefievre y su equipo (Lefievre y col., 2004) demostraron la existencia de una cuarta glicoproteína en la ZP de ovocito humano, la ZP4. En ratón, las glicoproteínas de la zona pelúcida son sintetizadas exclusivamente por el ovocito, mientras que en primates, conejo, porcinos, caninos y bovinos estas glicoproteínas son sintetizadas también por las células foliculares (Sinowatz y col., 2001).

La transición de folículo primario a secundario ocurre cuando las células foliculares cúbicas que rodean al ovocito se estratifican en dos o más capas, pasando a constituir lo que se denomina células de la granulosa. Por fuera de la membrana basal del folículo, una capa adicional de células somáticas se diferencia a partir de células mesenquimales del estroma ovárico, dando origen a la capa más externa del folículo, la teca. De esta manera queda constituido el folículo preantral (también llamado multilaminar o secundario) (Franchi y col., 1962; Pedersen, 1969; Blandau, 1970; Zuckerman y Baker, 1977; Zuckerman y Weir, 1977; Anderson y col., 1978; Jones, 1978; Peters, 1978; Wassarman, 1983; van den Hurk y Zhao, 2005). El crecimiento de los folículos preantrales es independiente de la acción directa de las gonadotrofinas y se encuentra regulado por factores autocrinos y paracrinos, dentro de los cuales, los factores de crecimiento GDF9 y BMP15 secretados por el ovocito juegan roles importantes (Rajkovic y col., 2006).

1.2.2.c Maduración: Folículos antrales

La formación de la cavidad antral anuncia las fases finales de la foliculogénesis. En el interior del folículo, pequeños espacios llenos de líquido se unen para formar el antro. El fluido antral (o folicular) es una importante fuente de sustancias regulatorias y moduladoras derivadas de la sangre y de la secreción de las células foliculares, dentro de las cuales se encuentran: gonadotrofinas, esteroides, factores de crecimiento, enzimas, proteoglicanos y lipoproteínas (van den Hurk y Zhao, 2005). La señal que dispara la formación del antro permanece hasta el momento, poco clara. Sin embargo, estudios *In vitro* realizados en roedores muestran como posibles candidatos a la hormona folículo estimulante (FSH, Hartshorne, 1997; Mao y col., 2002); a la hormona luteneizante (LH, Cortvrindt, 1998), a la activina (Zhao y col., 2001) y al Ligando K (Driancourt y col., 2000).

Durante su desarrollo, el folículo antral atraviesa una serie de etapas: una etapa de crecimiento basal, seguida por una fase de reclutamiento, selección y finalmente una etapa de dominancia (Webb y col., 1999; Driancourt, 2001; Fortune y col., 2001; Findlay y col., 2002). Si bien, los folículos antrales tempranos poseen ARNm para el receptor de FSH, se los considera relativamente independientes a las gonadotrofinas durante la etapa de crecimiento basal (van den Hurk y Zhao, 2005). Cuando los folículos alcanzan un tamaño de aproximadamente 0.2 mm en la ratonas, 1 mm en cerdas, 2 mm en ovejas, 4 mm en la vacas y 10 mm en la yeguas, se vuelven dependientes de gonadotrofinas y son reclutados para continuar su crecimiento (Driancourt, 2001). En ovinos y bovinos, el tamaño de reclutamiento se corresponde con el tamaño folicular en el que se detecta por primera vez la aromatasa P450 en la granulosa. La presencia de la aromatasa permite a los folículos reclutados producir estradiol, potente hormona anti-apoptótica, a partir de andrógenos tecales.

Los procesos de reclutamiento y selección son secuenciales y se encuentran bajo regulación endocrina y paracrina, lo que resulta en el desarrollo de una serie de folículos ovulatorios que son dependientes de la especie y de la raza (Hunter y col., 2004). En el ganado bovino, los folículos crecen en formas de ondas (2 a 3 por cada ciclo estral), donde cada una de ellas se caracteriza por el reclutamiento de un grupo de folículos, que continúan creciendo hasta 6 a 8 mm de diámetro aproximadamente. En la oveja, el número de ondas por ciclo es de 3 a 4, en la cabra de 4 a 5 y de 1 a 2 en la yegua. En las especies mono-ovulatorias, un folículo es seleccionado para continuar creciendo y convertirse en dominante, mientras que los folículos subordinados sufren atresia.

Si bien, el mecanismo preciso de selección aún no ha sido dilucidado, se ha sugerido que la disminución en la secreción de FSH después de la aparición de una nueva onda, podría ser un mecanismo clave en la selección folicular (Webb y col., 2004). La FSH es la principal hormona que controla el crecimiento del folículo en el ganado bovino, ovino y porcino y su secreción es a su vez controlada por el(los) folículo(s) dominante(s) a través de sus principales productos de secreción, el estradiol y la inhibina A (Hunter y col., 2004).

En el momento de la selección (4 mm en oveja, 5 a 6 mm en cerda, 8 mm en vacas o 25 mm en la yegua) se pueden detectar en las células de la granulosa del folículo dominante receptores de LH, que le permiten continuar su crecimiento, incluso con bajas concentraciones circulantes de FSH (Webb y col., 2003). Una disminución en la concentración plasmática de esta hormona se observa luego de la fase de reclutamiento, debido a la retroalimentación negativa ejercida por el estradiol y la inhibina secretados por el folículo dominante y los subordinados. La LH que llega a las células foliculares provoca la producción de altos niveles de estrógeno que inhiben la producción de FSH, privando a los folículos menos desarrollados de la cantidad de hormona necesaria para comenzar o completar el proceso de crecimiento, por lo que estarían destinados a morir (Zeleznik, 1981). La dominancia folicular se encuentra reforzada al menos por dos factores locales, el IGF-I que estimula la formación de receptores para LH (Chase y col., 1998) y el VEGF, un potente promotor de la angiogénesis derivado de la teca, cuya producción se encuentra estimulada por la LH (Garrido y col., 1993).

En el folículo dominante, la cavidad antral separa dos poblaciones de células de la granulosa funcionalmente distintas: las células murales, que constituyen la pared del folículo (esenciales para la ovulación y la esteroideogénesis) y las células del cúmulus, que rodean al ovocito y promueven su crecimiento (Edson y col., 2009) Estas últimas forman junto con el ovocito, un complejo muy compacto llamado complejo ovocito-cúmulus (COC). El COC constituye una "península" embebida en liquido folicular y conectado con las células de la granulosa murales que rodean el antro folicular. La teca, por su parte, se diferencia en dos capas: la interna que es glandular y muy vascularizada y la externa, constituida por tejido conectivo y fibras musculares lisas, que es muy difícil de diferenciar del estroma que la rodea. Las células de la granulosa y las de la teca folicular actúan como un sincitio funcional debido a la presencia de uniones gap que las comunican entre sí, permitiendo la transmisión de las señales hormonales (Burghardt y Anderson, 1981; Fletcher y Greenan, 1985).

Cuando se forma el antro, el ovocito finaliza su crecimiento y está en condiciones de reanudar la meiosis (Mattson y Albertini, 1990; Wickramasinghe y col., 1991). Los folículos ovulatorios maduros son similares en las distintas especies y se caracterizan por presentar un alto nivel de expresión de aromatasas en las células de la granulosa y una concentración alta de estradiol en el líquido folicular. Las células de la granulosa poseen también, un gradiente en el número de receptores para LH, siendo estos mucho más abundantes en las células próximas a la membrana basal que en el resto. Los folículos maduros reciben el nombre de folículos de Graaf.

Maduración nuclear o meiótica

En mamíferos sexualmente maduros, los ovocitos presentes en los folículos antrales preovulatorios reinician la meiosis en respuesta a la LH (Neal y Baker, 1975; Lei y col., 2001). En condiciones *in vitro* la meiosis se reinicia espontáneamente cuando los ovocitos que han completado su crecimiento son liberados de sus folículos dentro de un medio de cultivo adecuado (Baker, 1972; Sato y Koide, 1984; Tsafiri, 1985). En los ovocitos la maduración nuclear progresa desde un estado de diplonema de la profase de la primera meiosis (4 veces el complemento haploide de ADN) hasta la metafase de la segunda división meiótica (MII, 2 veces el complemento haploide de ADN). El ovocito primario detenido en profase I se caracteriza por presentar un gran núcleo llamado vesicular germinal (VG).

La maduración nuclear o *maduración meiótica* consta de tres etapas: 1) el reinicio de la meiosis, que incluye la ruptura de la VG (RVG), la condensación de los cromosomas y la formación del huso, 2) la transición de la meiosis I a la meiosis II sin replicación del ADN y con la expulsión del primer cuerpo polar y 3) el arresto en metafase II (Solc y col., 2010; Kang y Han, 2011). El ovocito secundario es ovulado y permanece en MII hasta el momento de la fecundación. Este evento provoca la reanudación y finalización de la meiosis II con la expulsión del segundo cuerpo polar (segunda división reduccional). La penetración del espermatozoide completa el ciclo celular e inicia la transición desde un tipo de división meiótica a una mitótica (Moor y col., 1992)

Adquisición de la competencia meiótica

La capacidad de progresar que adquieren los ovocitos, detenidos en el estadio de diplonema, hacia la etapa reduccional de la meiosis se denomina competencia meiótica (Sybeck, 1972; Sorensen y Wassarman, 1976; Tsafir, 1978; 1985). Existen factores inhibidores como la adenosina-3',5'-monofosfato cíclico (AMPc) y guanosina-3',5'-monofosfato cíclico (GMPc), que difunden desde las células de la granulosa hacia el ovocito por uniones de tipo gap y mantienen la detención de la meiosis. Cuando se produce el pico de LH se estimula la reanudación mediante la activación de las quinasas activadas por mitógenos (MAPKs). Estas enzimas fosforílan las proteínas de las uniones gap obstruyendo la comunicación entre el ovocito y las células del cúmulus, bloqueando así, las señales inhibidoras (Sun y col., 2009). Sin embargo, se sabe que la maduración meiótica es independiente del estimulo hormonal ya que cuando los ovocitos son removidos de los folículos antrales (eliminando de este modo la comunicación con las células de la granulosa) y cultivados *in vitro* en ausencia de LH, progresan en la meiosis espontáneamente hasta MII (Sorensen y Wassarman, 1976; Downs, 1993).

Factor promotor de la maduración.

Entre las múltiples moléculas que regulan la maduración del ovocito, se ha señalado como una de las más importantes al factor promotor de la maduración (FPM), que desempeña un papel clave en la RVG (Liang y col., 2007). Este componente celular esencial para la división meiótica fue descubierto en ovocitos de *Xenopus sp.* por Smit y Eckert en 1971. Posteriormente se determinó que este factor participaba tanto en la división meiótica como en la mitótica, por lo que actualmente se lo considera el regulador universal del ciclo celular o factor promotor de metafase.

Los sustratos sobre los cuales actúa el FPM, son: a) la histona H1 cuya fosforilación interviene en la condensación de los cromosomas; b) las laminas que forman una malla fibrilar sobre la cara interna de la membrana nuclear y cuya fosforilación provoca la despolimerización y consiguiente ruptura de la membrana al fin de la profase y c) la nucleolina (N° 38 o B23) que al ser fosforilada por el FPM provoca el desensamblaje del nucléolo durante la división celular (Belenguer y col., 1990; Peter,1990; Josefsberg y col., 2000). El FPM regula además, la duración de las fases del ciclo celular durante la meiosis y controla los eventos para la formación de un huso meiótico funcional y la posterior división celular (Brunet y Maro, 2005).

El FPM es un heterodímero compuesto de una subunidad reguladora llamada ciclina B1 y una subunidad pequeña, catalítica llamada p34 (Liang y col., 2007; Solc y col., 2010). Esta última, también conocida como quinasa dependiente de ciclina (CDK) 1, es una proteína quinasa (serina-treonina) de 34.000 Daltons que fue descubierta en levaduras y que es codificada por el gen cdc 2 perteneciente al grupo de genes cdc que controlan la división celular (Nurse, 1990).

El FPM se activa en el momento de la RVG y aumenta hasta alcanzar una meseta al final de la meiosis I. Una disminución transitoria de la actividad se lleva a cabo durante la transición desde la meiosis I a la meiosis II, para luego reactivarse rápidamente y mantenerse en un nivel alto durante toda la detención en MII (Brunet y Maro, 2005). La actividad del FPM es controlada por la concentración celular de ciclina B, que se encuentra determinada por su síntesis y degradación. Esta ciclina entra en la VG justo antes de su ruptura (Marangos y Carroll, 2004). Luego de la RVG su síntesis aumenta progresivamente alcanzando su máximo nivel al final de la meiosis I. La ciclina sintetizada se asocia con la subunidad p34 para formar el complejo activo. La degradación de ciclina B es necesaria para la expulsión del cuerpo polar (Ledan y col. 2001; Herbert y col., 2003; Terret y col., 2003).

La detención en MII se mantiene a través de un factor llamado citostático (FCS) que alcanza una concentración máxima cuando el ovocito llega a esta etapa (Masui y Markert, 1971). El FCS está constituido por una fosfoproteína de 39.000 Daltons (p39) producto del gen c-mos y por una quinasa 2 que es producto del gen cdk2 dependiente de ciclina, que es muy sensible a los iones calcio y actúa inhibiendo la proteólisis de la ciclina. (Watanabe y col., 1991; Gabrielli y col., 1993). Mientras la ciclina no es degradada, el FPM permanece activo. Una alta actividad de este factor es uno de los principales requisitos para mantener la detención en MII.

Regulación hormonal de la maduración en mamíferos

Durante la fase de crecimiento del ovocito la hipófisis secreta cantidades crecientes de FSH, que estimula la proliferación de las células de la granulosa y la formación de nuevos receptores para LH sobre la superficie de las mismas. Poco después del período de crecimiento inicial del folículo, la hipófisis comienza a secretar LH (hormona responsable de iniciar la maduración del ovocito). Las hormonas LH y FSH inducen a las células de la granulosa a sintetizar y liberar cantidades crecientes de estrógenos. El estradiol induce la síntesis de receptores de LH en las células de la granulosa, estimula su crecimiento, mantiene los receptores de FSH, eleva la actividad de la aromatasa con el subsecuente aumento en la producción de estradiol e inhibe la secreción hipofisaria de FSH.

Cuando los estrógenos circulantes se elevan, debido al crecimiento folicular, la secreción de FSH disminuye mientras que la de LH aumenta. El pico de LH se produce por estimulo de GnRH (hormona liberadora de gonadotrofinas) liberada por el hipotálamo en respuesta al estradiol. Los folículos preovulatorios expresan en las células de la granulosa gran cantidad de receptores de LH, que les permite responder a este pico iniciando una cascada de acontecimientos que conducen a la reanudación meiótica de los ovocitos, la expansión del cúmulus, la ruptura del folículo, la ovulación y finalmente la diferenciación de las células granulosas y tecales para formar el cuerpo lúteo (CL) (Edson y col., 2009).

1.2.2.d Ovulación

La ovulación ocurre durante el período denominado estro en todas las especies domesticas con excepción del bovino, el cual ovula luego de 12 horas de su finalización. En todos estos casos, señales ambientales como la cantidad y tipo de luz durante el día, estimulan al hipotálamo a liberar GnRH el que a su vez induce la liberación de FSH y LH por la hipófisis. En la teca interna del folículo, la LH estimula la síntesis de testosterona, la cual sufre un proceso de aromatización para dar lugar a 17β-estradiol, bajo la influencia de la FSH, en las células de la granulosa. El estradiol ejerce una retroalimentación positiva sobre el hipotálamo, produciendo finalmente la liberación de GnRH que induce el pico de LH que desencadenará la ovulación (Ptaszynska, 2007).

El aumento de LH se correlaciona con un aumento de progesterona justo antes de la ovulación provocando una disminución en el número de uniones *gap* entre los ovocitos y las CC (Burghardt y Anderson, 1981). Luego del pico de LH, la concentración de progesterona continua aumentando en el folículo preovulatorio hasta el momento de la ovulación (Peters y McNatty, 1980) lo que ejerce a su vez una retroalimentación negativa sobre la LH, de modo que la concentración de la misma disminuye (Irianni y Hodgen, 1992). El ovocito reanuda su meiosis y es entonces liberado en metafase II (rodeado de la zona pelúcida y el *cumulus oophorus*), permaneciendo en este estadio hasta ser fecundado.

Aunque el mecanismo de la ovulación no se conoce en detalle, la expulsión física del COC parece deberse a una serie de eventos, los cuales comienzan con la formación del estigma (área extremadamente delgada del ápice folicular). Este adelgazamiento es producido por acción de la colagenasa y el activador del plasminógeno, que provocan la degradación del tejido conectivo que separa el folículo de la superficie ovárica. Está comprobado que la prostaglandina F2α (PGF2α) provoca contracciones localizadas del musculo liso del ovario, produciendo la rotura del folículo, el cual se contraerá por la misma PGF2α expulsando así el COC. (Callejas, 1996).

La expansión provocada por la síntesis de glicosaminoglicanos provoca luego de la ovulación la perdida del acoplamiento entre las CC y el ovocito (Gilula y col., 1978; Dekel y Beers, 1980; Heller y Schultz, 1980; Moor y col., 1980).

1.3 Espermatozoide

1.3.1 Características del espermatozoide de mamíferos

Los espermatozoides son células altamente especializadas, que han evolucionado para llevar a cabo la función específica de fecundar al ovocito. Los espermatozoides se forman en los túbulos seminíferos de los testículos como resultado de un complejo proceso denominado espermatogénesis (De Kretser y Kerr, 1994). Esta se puede dividir en cuatro procesos básicos, divisiones mitóticas de las células primordiales (*stem cells*) que permiten la renovación y mantenimiento del epitelio germinativo, divisiones meióticas de los espermatocitos para la reducción cromosómica de las gametas, remodelación morfológica de las espermátides durante la espermiogénesis para transformarse finalmente en espermatozoides y por último la liberación espermática a la luz del túbulo seminífero por espermiación (McLachlan y col., 2002; Saunders, 2003). Al igual que en el caso de las gametas femeninas, las CGP migran desde la pared endodérmica del saco vitelino hasta las gónadas, donde se diferencian en células primordiales que se ubican formando parte de la pared del túbulo seminífero.

Dentro de los túbulos seminíferos se encuentran dos tipos de células: células somáticas llamadas de Sertoli o de sostén y varios estadios de células germinales que junto con las primeras forman un epitelio estratificado denominado epitelio seminífero. Los estadios de las células espermatogénicas comprenden a las espermatogonias, espermatocitos primarios, espermatocitos secundarios, espermátides y espermatozoides. Las espermatogonias y las células de Sertoli son los únicos elementos celulares que están en contacto con la membrana basal mientras que el resto de las células germinales están ubicadas sobre ellas formando 5 o 6 capas concéntricas. Estas células migran desde la membrana basal del túbulo hacia la luz a medida que atraviesan por los diferentes estadios de la espermatogénesis, de manera que los espermatozoides quedan ubicados próximos a la luz en la que serán liberados.

El espermatozoide es una célula con movimiento activo constituido por una cabeza y un flagelo o cola, que a su vez está compuesta por cuello, pieza media, pieza principal y filamento terminal. La cabeza posee pequeñas cantidades de citoplasma y citoesqueleto, un núcleo de cromatina muy condensada y al acrosoma que forma un capuchón sobre la cabeza. El acrosoma deriva del aparato de Golgi y contiene las enzimas necesarias para atravesar las envolturas del ovocito en el momento de la fecundación. De estas enzimas la hialuronidasa y la acrosina juegan un rol central, al dispersar el *cumulus oophorus* y provocar la lisis local de la zona pelúcida, respectivamente (Morton, 1977; Chaudhury, 2004). El acrosoma es una estructura membranosa que consta de una parte anterior o casquete acrosomal (acrosoma anterior) y una parte posterior o segmento ecuatorial (acrosoma posterior) por el cual el espermatozoide hace contacto con el ovocito en el momento de la fecundación. El acrosoma posee características de vesícula secretora y ha sido descripto como un lisosoma especializado (Allison y Hartree, 1970; Mann y Lutwak-Mann, 1981). Durante la reacción acrosómica, la membrana acrosomal externa se fusiona con la membrana plasmática del espermatozoide liberando el contenido acrosomal por exocitosis, esta reacción es iniciada en respuesta a señales específicas dependientes del ion calcio (Yanagimachi, 2011). En el contenido acrosomal están presentes múltiples enzimas incluyendo hidrolasas ácidas de tipo lisosómico y enzimas específicas del espermatozoide como la fosfatasa acida, fosfolipasa C, fosfolipasa A2, calpaina II, neuraminidasa, beta-N-acetilglucosaminidasa, proacrosina y las ya mencionadas hialuronidasa y acrosina.

La cola del espermatozoide está envuelta por la membrana plasmática y contiene muy poco citoplasma. Un manojo de fibras axiales (axonema), compuesto por 2 microtúbulos centrales rodeados por 9 túbulos dobles (9+2), recorren la cola desde la pieza intermedia hasta la parte terminal. Acompañando a estos túbulos dobles aparecen nueve fibras densas externas cuya función, según se cree, es conferir rigidez al axonema. Entre los componentes del flagelo también se encuentran la dineína y nexina, que se encargan de generar el desplazamiento entre los microtúbulos y la histona H1 que los estabiliza. En la pieza intermedia el axonema se encuentra rodeado por una vaina de mitocondrias que se retuerce regularmente alrededor de él unas 32 veces. Esta vaina proporciona la energía necesaria para el desplazamiento del espermatozoide. La pieza principal, que es la región más larga de la cola, está compuesta por el axonema, las fibras densas y una vaina fibrosa compuesta por una columna dorsal y otra ventral longitudinal unidas entre sí mediante "costillas" circunferenciales de disposición regular. El filamento terminal de la cola está constituido sólo por el axonema.

Todas estas estructuras especializadas que posee el espermatozoide están en relación con su actividad funcional única. El acrosoma contiene enzimas esenciales para la fecundación y el flagelo contiene las fuentes de energía y la maquinaria necesaria para el movimiento (Baccetti, 1986). El rol de estas estructuras es asegurar la liberación del material nuclear, contenido en la cabeza del espermatozoide, dentro del citoplasma del ovocito en donde la combinación del pronúcleo femenino y masculino formará el cigoto.

1.3.2 Maduración del espermatozoide

Cuando los espermatozoides son liberados al lumen de los túbulos seminíferos no han completado la diferenciación ya que no son móviles y no poseen aun la capacidad de fecundar a un ovocito debido a la inmadurez de su membrana plasmática. Por lo tanto, luego de ser liberado a la luz del túbulo seminífero son transportados a la *rete testis* en donde se produce una primera selección en la que, por fagocitosis, se eliminan los espermatozoides defectuosos, mientras que los aptos siguen su camino hacia el conducto eferente y de allí al segmento caudal del epidídimo en donde se produce la maduración (Roosen-Runge, 1977).

Para alcanzar la capacidad de fertilizar, los espermatozoides deben sufrir diversos cambios durante su tránsito por el epidídimo, los que incluyen cambios en los lípidos de membrana y proteínas de superficie, modificaciones en la membrana acrosomal externa, condensación completa de la cromatina, eliminación del citoplasma residual y adquisición de la motilidad progresiva (Bedford y Cooper, 1978). Además, existen evidencias que indican que los carbohidratos de la superficie de los espermatozoides se modifican y que el epidídimo sintetiza colesterol que se integra a la membrana plasmática durante la maduración (Nicolson y Yanagimachi, 1979).

1.3.3 Capacitación del espermatozoide

Los espermatozoides de mamífero recién eyaculados deben ser expuestos a secreciones del tracto reproductivo femenino, por un periodo variable de tiempo, antes de alcanzar la capacidad de fertilizar al ovocito. Este proceso es denominado capacitación. Los requerimientos para que esta capacitación espermática se lleve a cabo varían según la especie y pueden ser reproducidos *in vitro* incubando espermatozoides en medios de cultivo adecuados o en fluido oviductal (Guatking, 1976). Si bien las transformaciones moleculares que se producen durante la capacitación no se conocen completamente hay tres cambios que son de gran importancia (Storey y Kopf, 1991): 1) aumento en la permeabilidad y disminución en la relación colesterol:fosfolípidos de la membrana plasmática, lo que le otorga mayor fluidez (Davis, 1981; Langlais y col., 1988; Ravnik y col., 1992); 2) pérdida de proteínas e hidratos de carbono de la superficie de membrana (Wilson y Oliphant, 1987) y 3) fosforilación de las proteínas involucradas en la unión espermatozoide-zona pelúcida y en la exocitosis de la vesícula acrosomal (Mc Leskey y col., 1998). Sin embargo, es aún incierto en qué medida cada uno de estos mecanismos contribuyen al proceso de capacitación del espermatozoide.

1.3.4 Hiperactivación y quimiotaxis

Una vez que el espermatozoide alcanza el oviducto su velocidad se modifica. Próximos al lugar de la fecundación y cuando los espermatozoides son liberados del istmo, éstos incrementan el patrón de motilidad de sus flagelos. Este fenómeno que se denomina hiperactivación se caracteriza por un movimiento vigoroso de la cola que facilita el avance del espermatozoide a través del fluido viscoso del oviducto (Suárez y col., 1991; DeMott y

Suárez, 1992; Suárez y Dai, 1992) y de la zona pelúcida para llegar finalmente al huevo (Katz y Yanagimachi, 1981; Yanagimachi, 1981; Yanagimachi, 1988; Bedford y Hoskins, 1990).

Suárez y colaboradores (1991) han demostrado que la viscosidad del fluido oviductal promueve el movimiento lineal de los espermatozoides y que factores solubles presentes en el oviducto proveen al espermatozoide del movimiento direccional. En mamíferos, se han descrito dos mecanismos activos a través de los cuales el espermatozoide se orienta hacia el ovocito: la termotaxis, que es el movimiento dirigido de células a lo largo de un gradiente de temperatura (existe en el oviducto una diferencia de 1 a 2 °C entre el sitio de fecundación y el de almacenamiento espermático) y la quimiotaxis, que es el movimiento de las células hacia un gradiente de concentración de una sustancia quimioatrayente (Eisenbach y Giojalas, 2006). En 2005, Sun y col. demostraron que estas sustancias quimiotácticas no solo son aportadas por el fluido folicular en el momento de la ovulación como se creía hasta el momento, sino que también son secretadas por el ovocito maduro y las CC fuera del folículo.

1.4 Producción de embriones in vitro:

1.4.1 Maduración de los ovocitos *in vitro* (MIV).

Los ovocitos de mamíferos tienen la capacidad de madurar espontáneamente hasta el estadio de MII cuando son liberados desde un folículo antral y cuando son cultivados *in vitro*, lo que se denomina maduración *in vitro* (Pincus y Enzmann, 1935; Masui y Clark, 1979, Wassarman y col., 1979; Eppig, 1985, 1991). La maduración consiste en la reanudación de la meiosis desde la profase I con la expulsión del primer cuerpo polar, la expansión de las células del cúmulus y la maduración citoplasmática del ovocito (Sutton-McDowall y col., 2010). Esta última puede ser dividida en tres grandes procesos: 1) la redistribución de las organelas, 2) cambios en el citoesqueleto y 3) la maduración molecular, caracterizada por la síntesis y fosforilación de proteínas relacionadas con la meiosis y con la formación del pronúcleo femenino (Hunter y Moor, 1987; Simon y col., 1989; Fulka y col., 1991). Al momento de la maduración, las mitocondrias que se encuentran distribuidas en la zona externa del citoplasma del ovocito se desplazan hacia la zona perinuclear, el retículo endoplasmático migra hacia el citoplasma externo y los gránulos corticales hacia la periferia por debajo del oolema para ejercer un bloqueo efectivo contra la polispermia. Los microtúbulos y los filamentos de actina, los dos componentes más importantes del citoesqueleto, participan activamente en esta redistribución y son los responsables del adecuado posicionamiento y segregación de los cromosomas durante la maduración (Marteil y col., 2009).

Durante las etapas finales de la maduración es fundamental para los COC, la presencia de diferentes compuestos como ácidos grasos, aminoácidos, electrolitos, purinas, pirimidinas y diversos sustratos energéticos. Los COC maduros consumen dos veces más glucosa, piruvato y oxígeno que los inmaduros. El metabolismo de la glucosa juega un rol esencial en el control de la meiosis del ovocito. Su presencia en bajas concentraciones se vuelve indispensable para conservar la capacidad de desarrollo posterior cuando la MIV se lleva a cabo en condiciones de alta concentración de oxigeno (Hashimoto y col., 2000). Estudios *in vitro* han permitido revelar los distintos procesos metabólicos en los que participa la glucosa. Hasta la fecha, se han identificado cuatro vías metabólicas: a) la glucólisis, destinada a la producción de energía, b) la vía de las hexosaminas, que utiliza la glucosa para sintetizar glucosaminoglicanos, c) la vía de las pentosas fosfato, que interviene en la síntesis de purinas y en la reducción del glutatión y d) la vía de los polioles (Sutton-McDowall y col., 2010).

El glutatión (GSH) es un tripéptido que se forma a expensas de los aminoácidos cisteína, ácido glútamico y glicina (Meister, 1988) y constituye a nivel celular la principal defensa no enzimática contra el estrés oxidativo (Dickenson y Forman, 2002). El GSH representa otro de los factores importantes que afectan la maduración citoplasmática (Perreault y col., 1988), tanto que ha llegado a ser considerado como un indicador de la misma (de Matos y col., 1995). La síntesis de GSH durante la maduración del ovocito ha sido objeto de estudio en diversas especies de mamífero (de Matos y Furnus, 2000; de Matos y col., 2002; Whitaker y Knight, 2004; Luciano y col., 2006). El proceso de maduración comienza con el reinicio de la meiosis y la RVG y se detiene con el arresto en MII (Perreault y col., 1988; Zuelke y col., 2003). Altas concentraciones de GSH al final de la maduración son esenciales para la formación del pronúcleo masculino y el desarrollo embrionario preimplantacional (Abeydeera y col., 1999; de Matos y Furnus, 2000; Maedomari y col., 2007). Se ha demostrado que el GSH, mediante la acción de la enzima glutatión peroxidasa, protege a los embriones y ovocitos de la peroxidación (Takahashi y col., 1993; Gardiner y Reed, 1994).

La utilización de modelos de maduración *in vitro* permitió estudiar los mecanismos involucrados en la regulación de la maduración meiótica. El objetivo final de todos los eventos iniciados en la maduración, es la activación del FPM y la liberación del arresto meiótico. Dos de los segundos mensajeros más importantes que unen el receptor de las sustancias inductoras de la maduración a la activación del FPM son: el AMPc y el calcio (Voronina y Wessel, 2003). El AMPc juega un rol importante en la detención y la reanudación meiótica *in vitro*. Elevados niveles intracelulares de AMPc mantienen o retrasan la detención meiótica, mientras que una disminución transitoria de AMPc induce la maduración de los ovocitos (Dekel y col., 1988; Downs y col., 1988). Si bien el papel del calcio intracelular no se conoce completamente, las etapas de la maduración que podrían estar reguladas por este ión incluyen la ruptura de la VG, la extrusión del primer cuerpo polar, y la translocación de gránulos corticales a la superficie celular (Santella y Kyozuka, 1994; Santella y col., 1999; Su y Eppig, 2002).

1.4.2 Fecundación *in vitro*

La fecundación comprende una serie de procesos cuyo punto final está representado por la unión de los núcleos de ambas gametas y la formación del genoma del nuevo individuo. Se inicia con la fusión de las membranas plásmaticas del espermatozoide y del ovocito y finaliza con la formación de la cigota. Sólo los ovocitos que han madurado (maduración meiótica y citoplasmática) pueden ser fecundados, desarrollar hasta el estadio preimplantacional de blastocisto y dar origen a fetos viables (Moor y Trounson, 1977; Schroeder y Eppig, 1984; Van Blerkom, 1985). Durante la interacción entre el ovocito y el espermatozoide, se producen una serie de eventos coordinados que incluyen la capacitación espermática, la unión del espermatozoide a la zona pelúcida y su posterior penetración, el paso a través el espacio perivitelino, la unión y la fusión con la oolemma, la activación de los ovocitos y la descondensación de la cromatina presente en la cabeza del espermatozoide para formar el pronúcleo masculino (Rodrigues y Rodrigues, 2006).

1.4.2.a Capacitación *in vitro* de espermatozoides de mamífero

Las primeras investigaciones demostraron que los espermatozoides de mamífero podían capacitarse *in vitro* en fluidos de origen biológico como el oviductal y folicular (Chang, 1968). Sin embargo, la composición de estos fluidos es tan compleja que complicó la determinación de los componentes involucrados en la inducción de la capacitación hasta que Toyoda y colaboradores (1971) reportaron la primera FIV exitosa en un medio químicamente definido, suplementado con albúmina o suero. Años más tarde Bedford (1979) definió a la capacitación como el conjunto de cambios fisiológicos que preparan al espermatozoide para fertilizar a un ovocito maduro (Chang, 1984). Estudios posteriores demostraron que uno de estos cambios consiste en la remoción y/o modificación de la capa de proteínas que cubre la membrana plasmática del espermatozoide y es indispensable para que sea sensible al medio específico de fecundación (Yanagimachi, 1981; Saling, 1989; Florman y Babcock, 1991).

Entre las moléculas que requiere un medio de capacitación/fecundación para una fecundación exitosa se encuentra el bicarbonato (Lee y Storey, 1986; Neill y Olds-Clarke, 1987; Boatman y Robbins, 1991), el calcio (Yanagimachi, 1982; Coronel y Lardy, 1987; Fraser, 1987; Rukrudin y Silver, 1990) y la albúmina sérica (Go y Wolf, 1985; Langlais y Roberts, 1985). Experimentos realizados *in vitro* han demostrado que en ausencia de estos componentes el espermatozoide se vuelve incapaz de sufrir la reacción acrosómica e incluso de fertilizar al ovocito (Visconti y col., 1995a; 1995b). Harrison y Gadella (2005) señalan al bicarbonato como el factor clave para la capacitación *in vitro* de los espermatozoides. La liberación de células espermáticas en un medio con bicarbonato produce la activación de la adenilato ciclasa con el consecuente aumento de AMPc intracelular. Estos cambios activan una enzima denominada escramblasa que intercambia los fosfolípidos entre la cara externa e interna de la membrana plasmática, modificando la composición lipídica en ambas caras (Gadella y Harrison, 2002). Esta modificación reduce la estabilidad de la membrana plasmática favoreciendo la remoción del colesterol (Gadella y Harrison, 2002). La pérdida de colesterol es considerada desde hace mucho tiempo como uno de los componentes de la capacitación (Cross, 1998). Por otro lado, existen agentes como la taurina y la hipotaurina, denominados Factores de la Motilidad Espermática (SMF: *Sperm Motility Factors*), que mejoran la eficiencia de la capacitación y aumentan la sobrevida de los espermatozoides (Bavister y col., 1976; Cornett y Meizel, 1978; Mrsny y col., 1979). Además, se considera que estos factores podrían actuar como agentes antioxidantes protegiendo a los lípidos de membrana de la acción de oxidantes externos (Alvarez y Storey, 1983) o de los radicales libres generados por su propio metabolismo (Aruoma y col., 1988). También existen evidencias que indican que la taurina y la hipotaurina actuarían como agentes osmorreguladores para estabilizar la membrana plasmática de los espermatozoides (Velázquez y col., 1986).

Diversos autores han mencionado a la temperatura como otro de los factores que afectan a la capacitación de los espermatozoides (Mahi y Yanagimachi, 1973; Fleming y Kuel, 1985). Se observó que la membrana plasmática alcanza la fluidez óptima para la capacitación a la temperatura corporal de cada especie (Cheng y col. 1986; Crang y Cheng, 1986).

1.4.2.b Movimientos hiperactivos *in vitro.*

En 1970, Yanagimachi observó que los espermatozoides de hámster se volvían extremadamente activos cuando adquirían la capacidad de fertilizar a los ovocitos *in vitro*. Este movimiento hiperactivo es el que le permite al espermatozoide atravesar substancias viscosas como la matriz del cúmulus (Suarez y col., 1991; Suarez y Dai, 1992) y la zona pelúcida (Stauss y col., 1995) y se produce cuando los espermatozoides se ponen en contacto con el medio de capacitación (Yanagimachi, 1981). Al incubar los espermatozoides *in vitro* sus cabezas se aglutinan para luego de aproximadamente 2 horas liberarse y nadar libremente mostrando movimientos del flagelo de amplitud cada vez mayor (Suárez y col., 1991), el cual afecta generalmente solo un lado del flagelo obligando a los espermatozoides hiperactivos a nadar en círculos cuando son colocados sobre un portaobjetos de vidrio. Debido a los patrones asimétricos de movimiento los espermatozoides trazan figuras que se asemejan a un ocho e incluso figuras helicoidales como las que se han descripto en el espermatozoide humano hiperactivo (Morales y col., 1988). La hiperactivación *in vitro* se ha observado en muchas especies, incluyendo cobayos (Yanagimachi, 1974), ratones (Fraser, 1977), conejos (Cooper y col., 1979), murciélagos, delfines, caninos, ovinos, bovinos, porcinos (Yanagimachi, 1988) y seres humanos (Mortimer y col., 1983; Burkman, 1984).

Entre los factores que afectan la hiperactivación de los espermatozoides podemos mencionar al ión calcio, cuya presencia en el medio de capacitación es esencial para desencadenarla (Yanagimachi y Usui, 1974; Fraser, 1977; Suárez y col., 1992). La hiperactivación se inicia como consecuencia de un aumento de la concentración de calcio en el flagelo, como producto del ingreso desde el exterior, a través de canales iónicos ubicados en la membrana plasmática del espermatozoide y por la liberación de este ión desde depósitos intracelulares (Xia y col., 2007; Suarez, 2008). También es importante la presencia de iones bicarbonato (Neill y Olds-Clark, 1987; Boatman y Robbins, 1991), iones potasio (Fraser, 1983; Burkman y col., 1984) y algunos sustratos energéticos como el piruvato, la glucosa y el lactato (Fraser y Quinn, 1981; Yanagimachi, 1981; Burkman y col., 1984).

1.4.2.c Reacción acrosómica *in vitro* y zona pelúcida

La reacción acrosómica (RA) es un evento de exocitosis dependiente de calcio, necesario para que el espermatozoide penetre a través de la zona pelúcida y genere además un segmento de membrana capaz de fusionarse con el oolema (Benoff y col., 1997). Durante muchos años se creyó que la RA se producía durante la penetración del espermatozoide a través del *cumulus oophorus* hasta que, trabajos posteriores en ratón, demostraron que la zona pelúcida es la responsable de inducir la RA del espermatozoide capacitado (Saling y col., 1979; Bleil y Wassarman, 1980). Esta misma situación fue confirmada luego por estudios en rata (Shalgi y col., 1989), hámster (Uto y col., 1988; Cherr y col., 1989), conejo (O´Rand y Fisher, 1987; Nikolajczyk y O´Rand, 1992), bovinos (Crozet, 1984; Florman y First, 1988), porcinos (Hedrick y Wardrip, 1987; Berger y col., 1989), ovinos (Crozet y Dumont, 1984), monos (Vandevoort y col., 1992) y humano (Cross y col., 1988; Coddington y col., 1990).

En mamíferos, la zona pelúcida cumple la función de proveer el sitio de unión entre el ovocito y el espermatozoide. Además, inicia la RA, impide la polispermia, mantiene la integridad del embrión temprano y previene la unión de los blastómeros al revestimiento epitelial del oviducto durante el tránsito embrionario (Breed y col., 2002). Es una matriz extracelular porosa compuesta en los mamíferos por tres o cuatro glicoproteínas: ZP1, ZP2 y ZP3 en ratón; ZP2, ZP3 y ZP4 en cerdo, bovino y canino, y ZP1, ZP2, ZP3 y ZP4 en rata, hámster, mono y humano (Gupta y Bhandari, 2011). La ZP2 y la ZP3 son las responsables de unir la zona pelúcida firmemente a los espermatozoides capacitados para que puedan penetrarla (Wassarman, 1990; Wassarman y Mortillo, 1991), además la ZP3 tiene como función iniciar la RA (Saling y col., 1979; Cherr y col., 1986). Se ha descripto recientemente que la ZP3 actuaría en conjunto con la ZP1 y la ZP4 para inducir la RA en humano (Gupta y Bhandari, 2011).

La hipótesis más corriente sobre la unión de las gametas de mamífero postula que existen moléculas adhesivas sobre la membrana plasmática del espermatozoide que son las encargadas de reconocer regiones de carbohidratos y proteínas específicas, ubicadas sobre ZP3 (Wassarman, 1987). Este proceso se denomina unión primaria y ocurre sólo si el acrosoma está intacto y capacitado. La unión del espermatozoide con la ZP3 inicia el proceso de exocitosis, fusionando la porción anterior de la membrana citoplasmática del espermatozoide con la membrana acrosomal externa formando vesículas. Esta fusión, que está mediada por la acción de iones calcio (Srivastava y col., 1974; Yanagimachi, 1982; Watson y Plummer, 1986), provoca la liberación de las enzimas almacenadas en el acrosoma generando un orificio por el cual el espermatozoide atraviesa la zona pelúcida hasta alcanzar la superficie del ovocito (Cardona Maya y col., 2006; Yanagimachi, 2011).

Ciertas proteínas contenidas en el acrosoma fijan los espermatozoides a la zona pelúcida durante las etapas intermedias y finales de la exocitosis. Entre ellas se encuentran la sp56 (Foster y col., 1997), zona adhesina (Bi y col., 2003; Olson y col., 2004) y proacrosina, la forma de cimógeno enzimáticamente inactivo de la acrosina (Jones, 1990; Yanagimachi, 1994). Después de la dispersión del contenido acrosomal, se produce la unión secundaria a la zona pelúcida, que involucra proteínas de la membrana acrosomal interna, las que se unen específicamente a la glicoproteína ZP2 (Bleil y Wassarman, 1986; Bleil y col., 1988; Mortillo y Wassarman, 1991). Los espermatozoides que han completado la reacción acrosómica avanzan a través de la zona mediante la acción conjunta de fuertes movimientos flagelares y de proteasas, tanto acrosomales como de membrana (Honda y col., 2002; Florman y Ducibella, 2006).

1.4.2.d Fusión de las gametas *in vitro*

Una vez atravesada la ZP el espermatozoide alcanza el espacio perivitelino y se une con el oolema del ovocito. Sitios específicos de la membrana plasmática de ambas gametas participan en la fusión inicial de las dos bicapas lipídicas. La membrana plasmática del ovocito se puede dividir en dos grandes regiones: una región de superficie lisa, que cubre a los cromosomas en metafase y el resto de la membrana, rica en microvellosidades y que constituye el sitio de fusión con el espermatozoide (Primakoff y Myles, 2007). Esta fusión comienza por el segmento ecuatorial, que es el sitio donde la membrana plasmática del espermatozoide persiste luego de la reacción acrosómica (Bedford y Cooper, 1978), para permitir en primer lugar la unión de la cabeza y posteriormente la incorporación del cuerpo completo dentro del citoplasma del ovocito (Phillips y Shalgi, 1982; Shalgi y col., 1989).

Los gránulos corticales se fusionan con la membrana plasmática liberando su contenido dentro del espacio perivitelino. Las enzimas hidrolíticas y las glicoproteínas liberadas modifican las características fisicoquímicas de la zona pelúcida evitando la entrada de nuevos espermatozoides y por lo tanto, la polispermia. A este proceso se lo conoce como reacción cortical. Miller y colaboradores (1992) demostraron que después de la reacción cortical, la ZP3 no es apta como sustrato para la unión del espermatozoide. La propagación de este evento se produce por un aumento en la concentración de iones calcio en el citoplasma del ovocito, lo que se ha demostrado *in vitro* mediante inyecciones intracitoplasmáticas de calcio (Fulton y Whittingham, 1978; Hamaguchi e Hiramoto, 1981; Luttmer y Longo, 1984). La exocitosis de los gránulos corticales induce además un segundo mecanismo para evitar la polispermia. Este actuaría en el espacio perivitelino impidiendo la fusión de los espermatozoides que han logrado atravesar la zona antes de que se complete su bloqueo (Komorowski y col., 2003). Un tercer mecanismo actúa a nivel del oolema (Wolf, 1978) y ha sido demostrado utilizando ovocitos fertilizados libres de zona pelúcida, los cuales no pueden ser penetrados por nuevos espermatozoides (Maluchnik y Borsuk 1994; Sengoku y col., 1995).

La fecundación y la consecuente formación del cigoto marcan el comienzo del período de desarrollo preimplantacional que finaliza con la implantación del embrión en el útero.

1.4.3 Desarrollo de embriones *in vitro*

Luego de la fecundación, la membrana nuclear del espermatozoide se rompe, se produce la sustitución de protaminas por histonas, la cromatina se descondensa y se forma una nueva membrana nuclear, dando lugar al pronúcleo masculino. Al mismo tiempo el ovocito finaliza la meiosis II, se libera el segundo corpúsculo polar, el genoma materno también se descondensa, se forma la membrana nuclear y queda constituido el pronúcleo femenino (Martínez Madrid, 2002; Sun y Nagai, 2003). Estos pronúcleos migran el uno hacia el otro y durante el viaje replican su ADN en forma independiente, se rompen las envolturas nucleares, los cromosomas condensados se ubican sobre el huso mitótico y las mitocondrias cambian su distribución en el citoplasma tomando una posición perinuclear (Biggers y Stern, 1973; Biggers y Borland, 1976). Posteriormente, se forma el primer surco de segmentación dando comienzo al período preimplantacional, seguido de una serie de divisiones mitóticas que culminarán con la formación del blastocisto.

El primer clivaje separa a la cigota en 2 blastómeros iguales o casi iguales e independientemente de las especies, se realiza entre las 11 y 20 hs postfecundación. Después del estadio de dos células, la segmentación de los mamíferos es asincrónica, ya que uno de los blastómeros se divide para originar un embrión de 3 células. El tercer surco de segmentación marca el comienzo del estadio de 8 células, momento en el cual, los embriones de mamífero entran en una fase llamada de "compactación". Durante su desarrollo, las blastómeras más externas se adhieren íntimamente entre sí mediante uniones nexo y estrechas, perdiendo su identidad individual cuando se las observa desde la superficie (Carlson, 2009). El proceso de compactación da origen al estadio de mórula que en el ratón, por ejemplo, se hace evidente a partir de las 8 células, en el bovino a partir de las 32 células y, en el ovino entre las 32 y las 64 células.

A partir del estadio de 16 células en el hámster y cerdo, 32 células en el ratón, 64 células en la oveja y humano y entre las 80 y 100 células en el bovino, los blastómeros periféricos liberan sodio hacia el interior del embrión que arrastra agua para mantener la isotonicidad, dando lugar a la formación de la cavidad blastocélica o blastocele y por lo tanto, al estadio embrionario de blastocisto. Durante este periodo, el embrión que aun está rodeado por la zona pelúcida, consta de 2 tipos celulares: una capa epitelial externa denominada trofoblasto que rodea a un pequeño grupo interno de células llamado masa celular interna (MCI). El extremo del blastocisto que contiene la MCI se denomina polo embrionario (Carlson, 2009). Las células de la MCI darán origen a todos los órganos del nuevo individuo, mientras que el trofoblasto formará parte de la futura placenta. Las células trofoblasticas del blastocisto secretan estripsina (una proteasa parecida a la tripsina) que produce la ruptura de la matriz fibrilar de la zona pelúcida, permitiendo que el embrión se libere (eclosione) para luego implantarse en la pared uterina (Gilbert, 2005; Eynard y col., 2008).

Se dice que durante los primeros estadios de desarrollo, las células del embrión son totipotenciales. Esto significa que son capaces de dar origen tanto a células de la MCI como a las células del trofoblasto (Ziomek y col., 1982). Por ejemplo, si se separan los blastómeros de un embrión de ratón en el estadio de 2 a 8 células o de 4 células en el bovino, cada uno es capaz de dar origen a un blastocisto. Sin embargo, los blastocistos que se obtienen poseen menor cantidad de células que los desarrollados *in vivo* (Prather y Robl, 1991).

Aspectos bioquímicos y moleculares del embrión pre-implantacional: Activación del genoma embrionario

La fecundación activa al ovocito y promueve su transición al estadio de embrión temprano. En este momento, el ARNm de la madre y las proteínas que son importantes para la ovogénesis, pero no son esenciales para la embriogénesis, son degradadas. La programación del desarrollo embrionario se activa entre otras cosas, con la degradación del ARN y de las proteínas maternas. Sin embargo, esta degradación debe ser lo suficientemente selectiva como para mantener los factores maternos que aseguren niveles adecuados de síntesis de proteínas hasta que el genoma del embrión sea activado (Minami y col., 2007; Li y col., 2010).

Los eventos de síntesis celular que ocurren luego de la fecundación dependen de lo que se denomina "herencia materna" hasta tanto se active el genoma del embrión, es decir, del nuevo individuo. La transcripción del genoma embrionario en ratones se activa entre la fecundación y la segmentación (Telford y col., 1990). Una primera activación menor del genoma embrionario de ratón ocurre en el pronúcleo masculino del cigoto, mientras que dos ondas mayores de activación se observan en el embrión de 2 células y durante la transición de los estadios de 4 a 8 células (Li y col., 2010). Los transcriptos sintetizados en el estadio de 2 células incluyen ARNm (Piko y Clegg, 1982) y ARNr (Clegg y Piko, 1983), mientras que el estadio de 4 blastómeras (Memili y First, 1998) marca el inicio de la síntesis de ARNt. Aunque la transcripción se activa en estadios de desarrollo muy tempranos, el tiempo entre la fecundación y el comienzo de la síntesis de ARN no corresponde al mismo estadio de desarrollo en todas las especies (Kanka y col., 1993). A diferencia de lo que ocurre en el ratón, el genoma embrionario se activa en los estadios de 4, 8 y entre las 8 y 16 células, en el porcino, bovino y ovino respectivamente (Gil Villa y col., 2007).

El desarrollo embrionario preimplantacional está epigeneticamente regulado. La reprogramación epigenética se refiere al conjunto de mecanismos que pueden causar cambios en el fenotipo de una célula u organismo sin alterar su secuencia de ADN e involucra la remodelación de la cromatina, metilación del ADN, modificaciones de las histonas y la modulación de la traducción y la estabilidad del ARN (Vassalli y col., 1989; Shi y Wu, 2009; Li y col., 2010).

Luego de la fecundación, tanto el genoma paterno como el materno son reprogramados. Generalmente, la desmetilación del genoma se correlaciona con la cromatina permisiva y pluripotencial, mientras que la metilación de la citosina en posición 5' del dinucleótido CpG (citosina fosfo guanina) se correlaciona con estados represivos y la pérdida de totipotencialidad. En ratón, el genoma paterno es desmetilado rápidamente antes de la primera división celular, mientras que el materno se mantiene reprimido y su desmetilación ocurre en una etapa posterior y de manera gradual (Santos y col., 2002). La desmetilación diferencial de ambos genomas es necesaria para el desarrollo embrionario normal de los mamíferos y se encuentra regulada por factores maternos.

La modificación de las histonas es otro de los mecanismos que interviene en la regulación materna de la expresión génica. Dentro de las modificaciones más estudiadas se encuentran la acetilación, metilación, fosforilación y ubiquitinación (Kouzarides, 2007). La acetilación de la histona se asocia generalmente con la activación trancripcional, mientras que la metilación resulta en activación cuando ocurre en los residuos de lisina H3K4, H3K36 y H3K79 y en represión cuando los residuos metilados son H3K9, H3K27 y H4K20 (Dolinoy y col., 2010).

Un mecanismo rápido y eficaz para regular la expresión génica es la modulación de la traducción y la estabilidad del ARN. Diversos estudios han demostrado una correlación entre el grado de poliadenilación de un mensajero y su traducción. La extensión de una cola poli A preexistente es asociada con la activación del ARNm, mientras que la desadenilación es asociada con el cese de la traducción. Los ARNm que son almacenados por el ovocito para su traducción en la maduración meiótica justo antes de la ovulación o en la fecundación, tienden a perder mucho de su cola de poli A cuando entran al citoplasma. Aquellos ARNm que han sido activamente traducidos pierden su cola de poli A en la maduración meiótica y dejan de funcionar, mientras que el ARNm almacenado incrementa rápidamente el número de residuos de poli A y es traducido en proteínas (Vassalli y col., 1989). En el ratón, luego de la fecundación, el contenido ARN Poli A (+) decae un 50% dentro de las primeras 24 hs lo que puede deberse a desadenilación y/o degradación de las moléculas (Paynton y col., 1988).

La búsqueda de sistemas de fecundación y desarrollo *in vitro* para cada especie aportó gran cantidad de información sobre el rol de diversos compuestos que afectan la capacitación del espermatozoide y la fecundación del ovocito maduro. Por lo tanto, se debe tener en cuenta que no existe un medio de fecundación único, ya que existen requerimientos particulares que difieren de una especie a otra.

1.5 Manganeso

Si bien ya se conocía acerca de su presencia y distribución en los tejidos, el Manganeso (Mn) fue establecido como elemento esencial en 1931. En ese año, Kemmerer y col. (1931) y Orent y McCollum (1931) observaron, alteraciones de crecimiento y fallas reproductivas, en roedores Mn deficientes. Veinte años después, Bentley y Phillips (1951) demostraron la existencia de esta deficiencia en rumiantes. Estos experimentos se basaron en ensayos de tipo dosis-respuesta, ya que no se conocían aún los mecanismos o procesos biológicos en los que participaba el Mn. Transcurrieron algunos años hasta que la primera enzima Mn dependiente, la piruvato carboxilasa, fuese descubierta (Scrutton y col., 1966, 1972). El Mn desempeña su función como activador enzimático y como constituyente esencial de algunas metaloenzimas (Forrest, 1993). Hoy se sabe que este mineral es necesario para una gran variedad de funciones metabólicas, incluyendo el desarrollo del sistema esquelético, el metabolismo energético, el adecuado funcionamiento de los sistemas nervioso, reproductivo e inmunológico y que cumple un importante rol como antioxidante celular (Santamaria, 2008).

1.5.1 Absorción

El porcentaje del Mn dietario que es absorbido en rumiantes es sumamente bajo, 1 a 4% (Hurley y Keen, 1987) y varía en función de la presencia de antagonistas en el alimento, la forma química del Mn y de su concentración en la dieta (Underwood y Suttle, 1999).

Los principales factores que interfieren en la absorción del Mn son el fósforo (P), el hierro (Fe) y el fitato. También se mencionan como antagonistas al potasio, al azufre y al cobalto (Hidiroglou, 1979; Forrest, 1993). Algunos autores han descrito una reducción en la absorción intestinal de Mn en dietas que contienen altas concentraciones de P y calcio (Ca^{++}) (Hurley y Keen, 1987; Hidiroglou, 1979). Sin embargo, Wedekind y col. (1991) demostraron que esta disminución se debe solo al exceso de P, independientemente de la concentración de Ca^{++} que exista en el alimento. El efecto antagonista del Fe se debe principalmente a que tanto el Fe como el Mn, son captados y transportados al enterocito a través de los mismos mecanismos. En consecuencia, dietas con altas concentraciones de Fe inhiben la absorción intestinal de Mn (Davis y col., 1992; Forrest, 1993; Hansen y col, 2009). Si bien se puede considerar al fitato como el principal antagonista de la absorción intestinal de Mn, este se degrada fácilmente en el rumen, por lo que no representa un serio problema en el caso de los rumiantes (Underwood y Suttle, 1999).

Las formas inorgánicas de los minerales traza presentan una menor disponibilidad para la absorción que las formas orgánicas. Esto se debe a que estas últimas sufren menos disociación en el tracto gastrointestinal, por lo son menos propensas a formar compuestos insolubles e indigeribles (Gressley, 2009). La concentración de Mn ruminal en novillos, es mayor cuando los animales son suplementados con complejos orgánicos como el complejo Mn-metionina que, cuando son suplementados con Mn inorgánico en forma de oxido o sulfato (Ward y colaboradores, 1992). En concordancia, en corderos la biodisponibilidad de Mn es mayor con Mn-metionina que con sulfato u oxido de Mn (Henry y col., 1992).

Otro de los factores de los que depende el porcentaje de absorción de Mn es su concentración en la dieta. Diversos autores han encontrado una relación inversa entre el porcentaje de absorción y los niveles dietéticos de Mn (Lassiter y col, 1974; Lee y Johnson, 1988). La absorción de una dosis oral de Mn es nueve veces mayor en terneros alimentados con leche entera, que contiene 0,5 mg de Mn por kilogramos de materia seca (MS), que en terneros suplementados con 15 mg Mn/kg MS (Carter y col., 1974). Weigand y col. (1986) demostraron que ratas alimentadas con una dieta cuya concentración de Mn aumenta de 1,5 a 100 mg/Kg MS presentan una disminución en la eficiencia de absorción del 29 al 2%. Estos autores observaron también aumentos en la excreción fecal de Mn endógeno en aquellos animales alimentados con altas concentraciones de Mn. En respuesta a la oferta de Mn en la dieta, los mamíferos tienen la capacidad de regular la absorción intestinal de este mineral y la excreción del Mn endógeno a través de las heces. De estos dos mecanismos, la reducción de la eficiencia de absorción es la respuesta homeostática más importante para el mantenimiento de concentraciones estables de Mn en el organismo (Miller, 1975; Weigand y col., 1986; Davis y col, 1992).

1.5.2 Transporte y almacenamiento

El Mn es absorbido desde la luz intestinal en su estado divalente (Mn^{+2}) (Keen y col., 2009). Luego de ingresar a la célula, es exportado hacia el plasma por un transportador denominado Ferroportina (Yin y col., 2010). Una vez en la circulación portal, el Mn^{+2} puede permanecer en forma libre o unirse a la α_2-macroglubulina. En ambos casos, el Mn es removido rápidamente por el hígado, quien excreta el excedente a la luz intestinal por medio de la bilis (Kincaid, 1999). Una fracción del Mn libre es oxidada por la ceruloplasmina a Mn^{+3}, el cual se unirá posteriormente a una proteína plasmática transportadora denominada transferrina. Este complejo, Mn^{+3}-transferrina, es removido por el hígado de manera mucho menos eficiente, lo que provoca el pasaje de Mn trivalente a la circulación sistémica, permitiendo su utilización por los tejidos extrahepaticos (Gibbons y col , 1976).

Durante la década del 90 se identificaron diversos mecanismos por los cuales la célula incorpora el Mn que incluyen el transporte activo (Murphy y col., 1991; Rabin y col, 1993; Aschner y Gannon, 1994) y la difusión facilitada (Rabin y col., 1993). Investigaciones posteriores establecieron la participación de transportadores de Ca, Fe y Zinc para el ingreso de Mn a la célula. Algunos de estos transportadores son: a) el transportador de metales divalentes 1 (DMT1) (Gunshin y col, 1997; Garrick y col., 2003); b) el complejo receptor-transferrina que provoca la internalización de Mn^{+3}-transferrina por endocitosis (Aschner y

Gannon, 1994) y c) dos transportadores de la familia ZIP que son regulados por hierro y zinc, la proteína ZIP8 (He y col, 2006) y la recientemente descubierta ZIP14 (Himeno y col., 2009).

Dentro de la célula, el Mn se encuentra principalmente almacenado en la mitocondria. Por lo tanto, los órganos ricos en mitocondrias como el hígado, el páncreas y el riñón poseen una mayor concentración relativa de Mn (Forrest, 1993). En términos cuantitativos, la mayor parte de este mineral se encuentra en el tracto gastrointestinal y la piel (Underwood y Suttle, 1999). En corderos, alimentados con 13 a 45 mg Mn/kg MS, Masters y colaboradores (1988), no encontraron evidencias de Mn almacenado en hígado o en hueso. Sin embargo, el incremento de los niveles dietarios de Mn hasta 30 veces lo requerido (de 123 a 473 mg Mn/kg MS) aumentan el nivel de Mn tisular en un 25% para la mayoría de los órganos y en un 260% en el tracto gastrointestinal (Grace y Lee, 1990).

1.5.3 Rol fisiológico del Manganeso

Como se mencionó anteriormente, el Mn desempeña su función como constituyente de metaloenzimas y como activador enzimático. Las enzimas que pueden ser activadas por el Mn incluyen: hidrolasas, quinasas, descarboxilasas y transferasas (Forrest, 1993). La activación de estas enzimas puede ocurrir como una consecuencia directa de la unión del metal a la proteína o bien, por su unión al sustrato. Muchas de estas activaciones son inespecíficas, pudiendo el Mn ser reemplazado por otro metal que generalmente es el magnesio. Una excepción es la glicosiltransferasa que puede activarse solamente en presencia de Mn (Keen y col., 2009). Esta enzima participa en la síntesis de mucopolisacaridos que constituyen un componente fundamental del tejido cartilaginoso. La disminución en la actividad glicosiltransferasa, como consecuencia de la deficiencia de Mn, reduce la síntesis de mucopolisacáridos en el cartílago epifisario afectando de este modo el crecimiento lineal del hueso. Es por ello, que el signo clínico más frecuente en animales jóvenes con carencia de este mineral es la deformación esquelética (Leach y Muenster, 1962; Rojas y col., 1965).

Además de participar en la activación de un gran número de enzimas, el Mn desempeña su función como componente estructural de algunas metaloenzimas, como la ya mencionada piruvato carboxilasa, arginasa, glutamina sintetasa y la manganeso superóxido dismutasa (Mn-SOD) (Forrest, 1993). En ellas, el metal se asocia firmemente a la porción proteica, no pudiendo ser removido de la enzima sin que se produzca la pérdida de actividad de la misma (Underwood y Suttle, 1999).

La piruvato carboxilasa es la enzima que cataliza el primer paso en la vía de la gluconeogénesis a partir de piruvato (Wimhurst y Manchester, 1970). En un trabajo realizado con ratas lactantes, Baly y col. (1985) demostraron que la homeostasis de la glucosa se ve afectada por la deficiencia de Mn y que los cambios en la concentración celular de este metal es un factor importante en la regulación del metabolismo de los carbohidratos.

La arginasa I es una metaloenzima dependiente de manganeso, que cataliza la hidrólisis de L-arginina para formar L-ornitina y urea. Esta reacción es clave en el ciclo hepático de la urea y permite la eliminación de los residuos nitrogenados resultantes del catabolismo proteico (Di Costanzo y col., 2010). Una reducción en la actividad de esta enzima, como resultado de una deficiencia de Mn, resulta en una elevada concentración de amonio en sangre y una disminución en la concentración plasmática de urea (Brock y col., 1994).

La SOD protege a las células del daño causado por los radicales libres (RL) del oxígeno, al catalizar la dismutación del RL superóxido (O_2^-) a peróxido de hidrógeno (H_2O_2) (Chihuailaf y col., 2002). Este último compuesto es menos reactivo y es convertido posteriormente a oxígeno libre y agua (de Rosa y col., 1980). Se han identificado tres isoformas de SOD en mamíferos: dos isoformas unidas a cobre y a zinc (Cu/Zn-SOD), una localizada en el citosol y otra extracelular y, una isoforma unida a manganeso (Mn-SOD) que está ubicada en la matriz mitocondrial (Miao y Clair, 2009). La disfunción de la Mn-SOD durante la deficiencia de Mn, se asocia a un mayor estrés oxidativo que se hace evidente por una mayor peroxidación lipídica de la membrana mitocondrial (Zidenberg-Cherr y col., 1983). El papel fisiológico de Mn-SOD como una enzima citoprotectora ha sido claramente confirmada por la corta sobrevida de ratones *knockout* de Mn-SOD, que murieron poco después de nacer con neurodegeneración y cardiomiopatía dilatada (Li y col., 1995; Lebovitz y col., 1996).

Se ha sugerido que el Mn puede actuar como un cofactor de la mevalonato quinasa y farnesil pirofosfato sintetasa, enzimas que intervienen en la producción de escualeno, un precursor del colesterol (Curran y Azarnoff, 1961; Davis y col., 1990). La fosfoenolpiruvato carboxiquinasa, enzima involucrada en la gluconeogénesis y la xilosiltransferasa son otro ejemplo de enzimas activadas específicamente por Mn (Baly y col., 1985; Forrest, 1993).

1.5.4 Manifestaciones bioquímicas de la carencia de manganeso

El desarrollo de la carencia mineral ocurre en tres etapas: depleción, deficiencia y disfunción. La depleción ocurre cuando el requerimiento neto del mineral no es cubierto por la dieta y este comienza a ser movilizado desde su sitio de almacenamiento. Cuando las reservas comienzan a agotarse empieza la etapa de deficiencia, caracterizada por una disminución en la concentración plasmática del mineral. En el caso de Mn, al no contar con un sitio real de depósito, la depleción no constituye una etapa que pueda diferenciarse de la de deficiencia. Finalmente, sobreviene la etapa de disfunción, cuando las metaloproteínas específicas se ven afectadas en su funcionamiento. Los daños bioquímicos generados por las disfunciones enzimáticas producen manifestaciones subclínicas y luego clínicas en la última etapa de la carencia (Underwood y Suttle, 1999).

En bovinos la concentración plasmática de Mn es de 5 a 10 ng/ml. Kincaid (1999) definió el estatus en el bovino utilizando valores de Mn en plasma. Este autor propone dividirlo en tres grupos: deficiente (< 5 ng/ml Mn); deficiente marginal (5 a 6 ng/ml Mn) y adecuado (6 a 7 ng/ml Mn).

Los signos clínicos de la carencia varían en función del grado y la duración de la deficiencia y con la edad de los animales y su función productiva (Underwood y Suttle, 1999). La deficiencia de Mn tiene efectos significativos en la producción de ácido hialurónico, condroitín sulfato, heparina, y otras formas de mucopolisacáridos que son importantes para la coagulación, el crecimiento y el mantenimiento del tejido conectivo, el cartílago y el hueso (Santamaria, 2008). Es por ello que la sintomatología clásica incluye: anormalidades esqueléticas, enanismo y ataxia por fallas en la conformación del oído interno (Underwood y Suttle, 1999).

Los animales deficientes se caracterizan además por presentar desórdenes reproductivos. Bentley y Phillips (1951) y posteriormente Rojas y colaboradores (1965) observaron, un aumento en el número de servicios requeridos para la concepción y en el número de días necesarios para alcanzar el primer estro. Además, los terneros nacidos de vacas alimentadas con dietas deficientes en Mn presentaron bajo peso al nacimiento. La falta de Mn en vacas, cabras y ovejas está asociada a depresión y retraso en el estro y a bajas tasas de concepción (Underwood y Suttle, 1999). A diferencia de lo que ocurre con la manifestación esquelética, el modo de acción por el cual la deficiencia de Mn afecta a la reproducción todavía no ha sido aclarado (Hansen y col., 2006).

1.6 Objetivo de la Tesis

Pocos estudios han abordado el análisis de los mecanismos por los cuales, la influencia de distintas concentraciones de minerales, pueden tener un impacto positivo o negativo en la maduración de los ovocitos de mamífero y sus consecuencias en el desarrollo embrionario preimplantacional *in vitro*. El conocimiento actual sobre la relación entre el efecto de micronutrientes como el Mn, los trastornos en la capacidad de desarrollo de los ovocitos luego de la fecundación y el desarrollo embrionario temprano en bovinos, es todavía muy limitado.

Es por ello, que el objetivo general de este trabajo de tesis fue estudiar el efecto del Mn, en distintas concentraciones, sobre la adquisición de la capacidad de desarrollo de los ovocitos durante el período de maduración (maduración meiótica + citoplasmática) y su impacto en el desarrollo embrionario posterior.

Los objetivos específicos para llevar a cabo el presente trabajo de tesis pueden ser resumidos en los siguientes puntos:

Capítulo 1: Determinación de la concentración de Mn en plasma, licor folicular y en el medio de maduración completo.

Capítulo 2: Establecer el efecto de distintas concentraciones de Mn sobre la maduración in vitro de los ovocitos bovinos.

Capítulo 3: Estudiar el efecto de distintas concentraciones de Mn sobre la capacidad de desarrollo posterior hasta el estadio preimplantacional de blastocisto.

Capítulo 4: Determinar el rol de las células del cúmulus como puente metabólico entre el medio externo y el ovocito bovino, con diferentes niveles en el aporte de Mn durante la MIV.

Material y Métodos

2.1. Técnica de producción de embriones bovinos in vitro

La producción *in vitro* de embriones involucra tres etapas fundamentales: 1) Maduración *in vitro*, 2) Fecundación *in vitro* y 3) cultivo *in vitro* de embriones (CIV). Para la MIV de ovocitos bovinos se utilizó el medio de cultivo TCM-199 suplementado con LH, FSH y suero fetal bovino (SFB). Para la FIV se empleó el TALP (Parrish y col. 1984) y para el CIV el medio SOFm (*Synthetic Oviduct Fluid* modificado) (Tervit y col. 1972; Gardner y col., 1994). El éxito de la FIV depende de la calidad de las gametas, de la composición de los medios empleados para capacitar el semen, de las condiciones del laboratorio y de la habilidad del operador. En el caso de los bovinos, Parrish y colaboradores (1984) demostraron que los espermatozoides de toro podían capacitarse *in vitro* en un medio de fecundación-capacitación con heparina. Estudios posteriores, establecieron que la concentración de heparina utilizada afecta la tasa de desarrollo embrionario posterior hasta el estadio de blastocisto (Parrish y col., 1985 a, b; 1988), que existe una concentración adecuada para la capacitación del semen de cada toro (Lancaster y col., 1990; Chung y col., 1991) y que el tiempo de incubación de los espermatozoides en el medio de capacitación es un factor determinante para lograr una FIV exitosa (Fukui y col., 1990). Por lo tanto, antes de iniciar los ensayos experimentales de la presente tesis doctoral se llevó a cabo la puesta a punto de la técnica de producción *in vitro* de embriones bovinos que se utilizó como modelo experimental durante el desarrollo del presente trabajo de tesis.

2.2 Reactivos

Todos los reactivos fueron provistos por Sigma Chemical Company (St. Louis, EE.UU.), a menos que se indique lo contrario. Todos los medios y soluciones (7.1) se prepararon con agua Tipo I (Sigma) y fueron almacenados a 4°C en oscuridad. La técnica de PIV se utilizó como modelo experimental para el desarrollo del presente trabajo de tesis. Las técnicas específicas se describen en el capítulo correspondiente.

2.3 Maduración in vitro

Los ovarios de frigorífico extraídos de hembras jóvenes, se colocaron en solución fisiológica a 37-39°C y se mantuvieron en termos hasta llegar al laboratorio. Luego se lavaron tres veces en solución fisiológica con antibióticos. De cada ovario se aspiraron los folículos de 2-8 mm usando una aguja de 18 G conectada a un tubo estéril y a una línea de vacío (50 mm Hg). Los complejos ovocito-cúmulus se colectaron a menor aumento (20X) con un microscopio estereoscópico y platina térmica a 39° C y, se colocaron en medio HEPES-199 + 10% SFB (Medio de mantenimiento) hasta el momento de la selección por calidad. Para la MIV, se eligieron los COC cuyos ovocitos presentaron el citoplasma homogéneo y las células del cúmulus compactas. Los COC se lavaron dos veces en medio de MIV, se tomaron grupos de 10 COC en 10 µl de medio, se sembraron en gotas de 40 µl de medio bajo aceite mineral y se incubaron a 39°C en atmósfera gaseada con 5% CO_2 en aire y humedad a saturación.

Preparación de cajas para MIV:

Las cajas de Petri para MIV se preparan previamente a la recolección de los COC con gotas de 40 µl de medio de maduración (7.1.2), cubiertas con aceite mineral. Posteriormente, las cajas de MIV se incuban durante 2 hs a 39° C en atmósfera gaseada con 5% de CO_2 en aire y humedad a saturación para equilibrar el pH (7,2-7,4) del medio. El volumen final de las gotas de MIV es de 50 µl: 40 µl de medio de MIV + 10 µl con los COC.

2.4 Fecundación in vitro

a) Preparación de las cajas de FIV

Luego de preparar el medio de FIV (7.1.2), se armaron las placas de Petri con gotas de 30 µl de medio y se cubrieron con aceite mineral. Las cajas fueron incubadas para equilibrar el pH del medio (7,2-7,4) a 39° C en atmósfera gaseada con 5% CO_2 en aire y humedad a saturación durante un tiempo mínimo de 2 hs.

b) Preparación de los ovocitos para la FIV.

Después de 24 hs de MIV se lavaron los COC rápidamente en HEPES-TALP sin quitarles las células del cúmulus. Luego se lavaron 2 veces en medio FIV, se tomaron entre 5 a 10 COC en un volumen de 10 µl de medio y se sembraron en cada gota de FIV preparada previamente. Los COC se mantuvieron en estufa a 39°C hasta el momento de la inseminación.

c) Procesamiento del semen

Con el objetivo de separar los espermatozoides vivos se utilizó un gradiente de Percoll. En un tubo cónico de 15 ml se colocaron 2 ml de Percoll 90% y se agregaron cuidadosamente sobre él 2ml de Percoll 45%. Tanto el Percoll 90% como el 45% se encontraban a temperatura ambiente al momento de su utilización. Luego, se descongelaron 2 pajuelas de semen, se evaluó la calidad del mismo y se sembró sobre la superficie del gradiente de Percoll. El gradiente se centrifugó a 700 g durante 15-30 minutos y se retiró cuidadosamente el pellet (espermatozoides vivos) con una pipeta Pasteur para transferirlo a otro tubo. Se agregó 250 µl de HEPES-TALP, se homogeneizó agitando suavemente y se volvió a centrifugar a 200 g durante 5 min. Luego de descartar el sobrenadante el pellet se resuspendió en 200 µl de medio de FIV y se mantuvo en la incubadora. Se tomó una muestra para determinar la concentración de espermatozoides utilizando una cámara de Neubauer y microscopio óptico. Finalmente se ajusto el volumen con medio de FIV para obtener una suspensión de 10 millones de espermatozoides/ ml.

d) Inseminación

Se agregó rápidamente 10 µl de la suspensión de espermatozoides concentrada (10 millones/ml) a las gotas de FIV que ya contenían los ovocitos. Se incubó durante 24 hs a 39°C en atmósfera gaseada con 5% CO_2 en aire con humedad a saturación. La concentración final de espermatozoides en la gota de FIV fue de 2 millones/ml.

2.5 Cultivo de embriones in vitro

Se prepararon gotas de 30 µl con medio SOFm (7.1.2) en cajas de Petri bajo aceite mineral. Las cajas de CIV se prepararon 2 horas antes de la siembra y se incubaron a 39° C en atmósfera gaseada con una mezcla de 7% O_2- 5% CO_2- 88% N_2 y humedad a saturación. Luego de 24 horas de FIV los presuntos cigotos se separaron de las CC con pipeta de punta fina y se lavaron 2 veces en HEPES-SOF y 2 veces en SOFm. Grupos de 5-10 presuntos cigotos en 10 µl de SOFm fueron sembrados en las gotas de 30 µl previamente equilibradas, alcanzando un volumen final de 40 µl de medio en las gotas de CIV. Los embriones se cultivaron en medio SOFm sin glucosa durante las primeras 24 horas de cultivo (D1) y SOFm con 1,5 mM de glucosa desde el día 2 (D2) hasta el día 8 (D8). El medio de cultivo se renovó cada 48 hs.

Al finalizar los 8 días de cultivo se evaluó la calidad morfológica de los embriones utilizando un microscopio invertido de epifluorescencia (Nikon, Diaphot). Los embriones se colorearon con Hoechst 33342 que se une al ADN y permite determinar el número de células de los blastocistos al final del cultivo. Para la evaluación con Hoechst 33342 se utilizó un filtro UV2A.

2.6 Coloración fluorescente para núcleos (HOESCHT 33342)

Se preparó una solución stock diluyendo 10 mg de Hoescht 33342 en 20 ml de etanol proanálisis (500 µg/ml). Para la solución de trabajo se tomó 0,2 ml de la solución stock y se le agregó 9,8 ml de Glycerol SIGMA 65516. Los ovocitos o embriones se incubaron 2 minutos a temperatura ambiente en la solución de trabajo y se montaron entre porta y cubreobjeto bajo lupa y se evaluaron con microscopio de epifluorescencia (Filtro UV A).

Capítulo 1

DETERMINACIÓN DE LA CONCENTRACIÓN DE Mn EN PLASMA, LICOR FOLICULAR Y EN EL MEDIO DE MADURACIÓN COMPLETO

3.1 Introducción

Dentro del folículo ovárico el ovocito en desarrollo se encuentra embebido por el licor folicular (LF) que nutre al ovocito y a las células del cúmulus que lo rodean. El folículo es un compartimento avascular separado del estroma ovárico por la pared folicular quien forma la "barrera hemato-folicular" (Bagavandoss y col., 1983). Si bien, el LF es un trasudado del suero, también se encuentra parcialmente constituido por sustancias producidas localmente que están relacionadas a la actividad metabólica de las células foliculares (Gerard y col., 2002). Esta actividad metabólica, junto a la propiedad "barrera" de la pared folicular, cambian significativamente durante la fase de crecimiento del folículo, por lo que la composición del LF varía con los diferentes tamaños foliculares (Arshad y col., 2005). A pesar de la importancia que poseen los microelementos, como el Mn, sobre la reproducción, sus concentraciones en el LF no han sido hasta el momento bien caracterizadas. El conocimiento que hoy se tiene acerca del papel que cumplen los micronutrientes sobre, los ovocitos y el desarrollo embrionario temprano, se basa principalmente en trabajos *in vivo* donde se han alterado las dietas maternas o se han suplementado a las madres de forma parenteral (Ashworth y Antipatis, 2001).

Estudios realizados en bovino (Picco y col., 2010, 2012) y en búfalo (Arshad y col., 2005) han demostrado que la concentración de elementos traza, folicular y plasmática no presentan diferencias cuando se evalúa la concentración en folículos mayores y menores a 10 mm. En condiciones *in vitro,* el medio de MIV representa el medio ambiente del ovocito y de su composición depende en gran medida, su capacidad de desarrollo posterior (Abeydeera, 2002; Martinez, 2002). Muy poco se conoce acerca de cuál es la concentración apropiada de Mn en este medio, pero probablemente se corresponda a la encontrada en el licor folicular de animales adultos saludables.

Por lo tanto, el objetivo fue determinar las concentraciones de Mn en plasma, LF y en el medio de MIV completo para establecer las concentraciones de trabajo.

3.2 Material y métodos

3.2.1 Determinación de Mn en plasma, licor folicular y medio de MIV

Se colectaron 40 muestras de sangre (10 ml) de la vena yugular de vaquillonas al momento de la faena en tubos con EDTA. Las muestras se centrifugaron a 3000 rpm por 10 minutos, se separó el plasma y se guardó a 4°C. Los ovarios de las mismas vaquillonas se colectaron e individualizaron para asociarlos a las muestras de sangre. Los ovarios se envolvieron en film y se transportaron al laboratorio en un recipiente térmico dentro de las 2 horas de obtenidos. El diámetro de los folículos ováricos se midió con un calibre y se clasificaron en dos grupos: a) Folículos pequeños (< 10 mm) y b) Folículos grandes (> 10 mm). El líquido folicular de cada grupo se obtuvo por aspiración con jeringas de insulina estériles. Además, se tomaron muestras (n=6) de medio de MIV suplementado con 5 % de SFB. Las muestras de LF, plasma y medio de MIV se centrifugaron y el sobrenadante se trató con 10% (p/v) de ácido tricloroacético. La concentración de Mn se midió con un espectrofotómetro de absorción atómica con horno de grafito (GBC 902).

3.2.2 Análisis estadístico

Los valores de concentración de Mn en plasma, LF y medio de MIV se analizaron utilizando ANOVA de una vía y el test de Student-Newman-Keuls a posteriori (CSS: Statistica, module C-Stasoft, Tulsa, OK, USA). Se consideraron efectos significativos a las $p<0,05$ y tendencias a las $p<0,10$ y $>0,05$.

3.3 Resultados

Determinación de Mn en plasma, licor folicular y medio de MIV

La concentración de Mn fue de 7,3 ng/ml ± 0,2 en plasma; 6,9 ng/ml ± 0,7 en LF de folículos grandes; 7,0 ng/ml ± 0,4 en LF de folículos pequeños y 0,3 µg/ml ± 0,02 en el medio de MIV. No se encontraron diferencias significativas entre las concentraciones de Mn en plasma y LF, mientras que la concentracion en el medio de MIV fue significativamente menor ($p< 0,01$). Es necesario aclarar que, el medio de maduración sin el suplemento de SFB no presentó concentraciones detectables de Mn.

3.4 Conclusiones

La concentración de Mn fue similar en plasma y LF de folículos mayores y menores a 10 mm. Este mismo comportamiento en las concentraciones de Cu y Zn fue observado por Picco y col. (2010; 2012). Kincaid (1999), definió el estatus de Mn plasmático en el bovino. En base a nuestros resultados y a los valores definidos por Kincaid (1999) (1.5.4) se establecieron cuatro condiciones experimentales para el presente trabajo de tesis: un tratamiento Control que consistió en medio de maduración sin el agregado de Mn (concentración final del medio: 0,3 ng/ml Mn, aportado exclusivamente por el SFB); y tres tratamientos donde el medio de MIV alcanzo las siguientes concentraciones finales de Mn: Mn1: 2,3 ng/ml; Mn2: 4,3 ng/ml y Mn3: 6,3 ng/ml. El grupo Control y Mn1 corresponden al estatus de "deficiencia" propuesto por Kincaid (1999), mientras que la concentración final de Mn2 es muy cercana al valor considerado como "deficiencia marginal". En este estudio, el estatus "adecuado" se ve representado por el grupo Mn3.

Capítulo 2

EFECTO DE DISTINTAS CONCENTRACIONES DE MANGANESO SOBRE LA MADURACIÓN DE LOS OVOCITOS BOVINOS

4.1 Introducción

La expansión optima de la masa del cúmulus parece ser fundamental tanto para la ovulación normal (Chen y col., 1993) como para que el ovocito pueda ser fecundado por el espermatozoide (Sirard y Lambert, 1985; Vanderhyden y Armstrong, 1989; Yamashita y col., 2000). Chen y colaboradores (1993) reportaron que el grado de expansión del cúmulus se correlaciona con la tasa de desarrollo del huevo hasta el estadio de 2 células. El componente predominante en el cúmulus expandido es el acido hialurónico (AH) (Salustri y col., 1989) y la cantidad de AH sintetizado se correlaciona con el grado de expansión, ya que se ha observado que la expansión volumétrica de los complejos ovocito-cúmulus madurados *in vitro* es significativamente menor que la observada en ovocitos madurados *in vivo*, a menos que el medio contenga los sustratos necesarios para la síntesis de AH como las hexosaminas, glutamina y glucosa (Chen y col., 1990).

La deficiencia de Mn reduce la producción de AH y otras formas de mucopolisacáridos, como consecuencia de una disminución en la actividad glicosil-transferasa, cuya activación depende específicamente de la presencia de Mn (Underwood y Suttle, 1999; Santamaria, 2008; Keen y col., 2009).

El glutatión (GSH) es el principal compuesto sulfatado no proteico, que protege a las células de mamífero del daño oxidativo, ya que juega un rol importante en la defensa celular contra agentes exógenos y endógenos. (Meister y Anderson, 1988; Lafleur y col., 1994;

Luberda, 2005). El GSH es un tripéptido tiólico que cumple múltiples funciones como el transporte de aminoácidos, la síntesis de ADN y proteínas, la activación de enzimas y la reducción de compuestos disulfuros (Lafleur y col., 1994). Además, es fundamental para la descondensación de la cromatina del espermatozoide y la formación del pronúcleo masculino luego de la fecundación (Perreault y col., 1988; Yoshida y col., 1992; Yoshida, 1993). En el ovocito, posee una función activa manteniendo la morfología del huso meiotico y protegiéndolo contra el daño oxidativo (Zuelke y col., 1997). El GSH se considera como un indicador de la maduración citoplasmática del ovocito ya que, durante el proceso de maduración, su concentración intracelular aumenta condicionando el desarrollo embrionario posterior hasta el estadio de blastocisto (de Matos y col., 1995; Miyamura y col., 1995; de Matos y co ., 1996; de Matos y Furnus, 2000).

La apoptosis, también conocida como muerte celular programada, es un proceso altamente regulado y crucial en todos los organismos multicelulares (Rana y col., 2008). Las células apoptóticas sufren una serie de alteraciones morfológicas y bioquímicas características, incluyendo condensación de la cromatina, compactación de las organelas citoplasmáticas, cambios en la simetría de la membrana y fragmentación de ADN (Kerr y col., 1972; DeLong, 1998; Chandra y col., 2000). Como consecuencia de estos cambios, se forman estructuras celulares envueltas en membrana plasmática llamadas "cuerpos apoptóticos" que son expulsados al espacio extracelular (DeLong, 1998). El proceso de apoptosis también implica la activación de una cascada de proteasas denominadas caspasas que son responsables de degradar sustratos celulares específicos y que llevan a la muerte celular (Hampton y Orrenius, 1997; Chandra y col., 2000). La apoptosis ocurre cuando el daño celular, incluyendo el daño en el material genético, ha sobrepasado la capacidad de reparación de la célula (Rana y col., 2008). El daño en el ADN puede ser el producto final del fenómeno de apoptosis o uno de los responsables de su desarrollo (Wang, 2001; Norbury y Zhivotovsky, 2004; Rana y col., 2008; Song y col., 2009). Si bien se ha demostrado, tanto en estudios *in vivo* como *in vitro*, que las células de la granulosa mueren a través del proceso activo de apoptosis (Hughes y Gorospe, 1991; Tilly y col., 1991; Luciano y col., 2000), la información sobre este fenómeno en células del cúmulus durante la MIV es todavía muy limitado (Luciano y col., 2000; Ikeda y col., 2003). Diversos autores han encontrado una relación inversa entre la tasa de apoptosis de las CC que rodean al ovocito y su capacidad de desarrollo posterior (Nakahara y col., 1997a,b; Lee y col., 2001; Host y col., 2002; Ikeda y col., 2003). Se ha establecido una fuerte correlación entre el aumento de la actividad Mn-SOD y la resistencia a la lesión celular y la apoptosis (Keller y col, 1998; Epperly y col, 2002; Holley y col., 2011).

En consecuencia, se diseñaron una serie de experimentos para estudiar el efecto de diferentes concentraciones de Mn durante la MIV sobre: 1) la expansión del cúmulus en ovocitos bovinos, 2) los niveles intracelulares de GSH en ovocitos y células del cúmulus, 3) la tasa de apoptosis en células del cúmulus, 4) la integridad de su ADN y 5) la actividad SOD en el COC luego de la MIV.

4.2 Material y métodos

4.2.1 Complejos Ovocitos-Cúmulus

Los ovarios de bovino fueron obtenidos de frigoríficos y transportados al laboratorio en solución de ClNa (9 g/l) estéril con antibióticos a 37 °C dentro de las tres horas de extraídos. Los ovarios fueron recolectados independientemente de la etapa del ciclo estral de las hembras. Los COC fueron aspirados de folículos de 2 a 8 mm, utilizando una aguja 18-G conectada a un tubo estéril y a una línea de vacio (50 mmHg). Solo fueron seleccionados para la maduración los COC con el cúmulus intacto y con el citoplasma del ovocito uniformemente granulado. Para ello se utilizó un estereomicroscopio de bajo poder (20-30X). Las repeticiones (n= 4 a 5) de cada experimento se realizaron en diferentes días y en cada día se obtuvieron 200 COC, utilizando 50 COC por tratamiento.

4.2.2 Maduración *in vitro*

Los COC fueron lavados dos veces en TCM-199 con 15 mM de HEPES y 10% (v/v) de suero fetal bovino, y luego dos veces en medio de MIV. Grupos de 10 COC fueron transferidos a microgotas de 50 µl de medio de MIV bajo aceite mineral (Squibb, Princeton, NJ, USA) previamente equilibradas en atmósfera gaseada con 5% CO_2. El medio de MIV fue suplementado con hormonas, 1 µg/ml FSH y 10 µg/ml LH (7.1.2). Para determinar la concentración de Mn en el medio de MIV completo (TCM 199 + Hormonas + SFB) se realizaron mediciones con un espectrofotómetro de absorción atómica con horno de grafito. De este modo, se estableció que la concentración de Mn en el medio de MIV es de 0,3 ng/ml y que es aportado exclusivamente por el SFB. El Mn se agregó al medio de MIV de modo de alcanzar las siguientes concentraciones: Mn1) 2,3 ng/ml; Mn2) 4,3 ng/ml; Mn3) 6,3 ng/ml.

También se trabajó con un tratamiento Control sin suplementar (0,3 ng/ml Mn). Las distintas concentraciones empleadas en este trabajo se definieron según la clasificación del estatus de Mn para bovino propuesto por Kincaid (1999) (3.4). Los COC fueron cultivados a 39 °C en 5% de CO_2 y humedad a saturación por 24 hs.

4.2.3 Evaluación de la expansión del complejo ovocito-cúmulus

El área de expansión del cúmulus (AEC) de cada COC se midió antes (T0) y después de la MIV (T24) mediante un sistema de captura y digitalización de imagen (SONY-CCD) acoplado a un software de análisis de imágenes microscópicas (Image ProPlus® 3.1) que permite realizar mediciones de áreas irregulares (Figura 1). El sistema de unidades fue transformado a μm^2 por calibración con una cámara Makler.

FIGURA 1. Medición del área del cúmulus. Imagen microscópica de un COC antes de la MIV (T0) a 100X (Izquierda) y luego de 24 horas de MIV a 40X (Derecha, cúmulus expandido). La línea roja es trazada por el software (Image ProPlus® 3.1) y delimita el área del COC (área del COC).

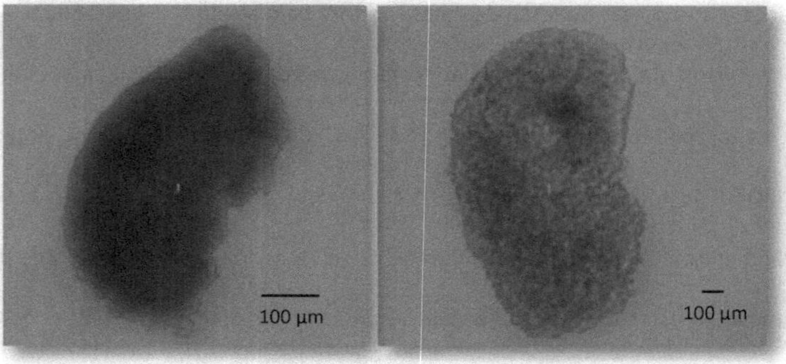

Se determinó además, el número de células del cúmulus en el COC. Para ello, los COC, ya sean compactos (T0) o expandidos (T24), fueron disgregados mecánicamente por pipeteo bajo microscopio estereoscópico en medio HEPES-TCM 199. Las suspensiones celulares fueron transferidas a tubos Eppendorf, y el número de células en cada suspensión se estimó contando en una cámara hemocitométrica.

4.2.4 Ensayo de GSH

Luego de la MIV los ovocitos se separaron del cúmulus mecánicamente por pipeteo en HEPES–TCM 199, y se lavaron 3 veces en PBS libre de Ca^{++}/Mg^{++}. La ruptura de los ovocitos se realizó por congelamiento/descongelamiento y aspiraciones repetidas con micropipeta. Las células del cúmulus de ≥ 50 COC se transfirieron a tubos Eppendorf y se lavaron 2 veces en PBS por centrifugación a 14.000 g por 10 segundos. El pellet se resuspendió en 500 µl de PBS y la concentración de células se contó en una cámara hemocitométrica. La destrucción de las células del cúmulus se realizó por aspiraciones repetidas con aguja 26-G. Las muestras se diluyeron con 1,2 ml de buffer fosfato 0,2 M conteniendo 10 mM de EDTA. Luego se agregó 100 µl de ditio-bis ácido 2-nitrobenzoico (DTNB) 10 mM, 1 unidad de glutatión reductasa y 50 µl de NADPH 4,3 mM. El incremento de absorbancia se midió a 412 nm cada 30 segundos hasta completar 5 minutos con un espectrofotómetro de doble haz (Beckman Mod. 35, Irvine, CA, USA). La concentración total de GSH-GSSG (reducido-oxidado) en ovocitos y células del cúmulus se calculó a partir de la curva estándar de GSH.

4.2.5 Ensayo de apoptosis (Anexina V)

La Anexina V es una proteína de unión a fosfolípidos dependiente de Ca^{++} con una gran afinidad a fosfatidilserina (PS). La PS usualmente se ubica en la cara interna de la monocapa lipídica de la membrana plasmática. Cuando la célula sufre apoptosis, la PS se redistribuye quedando expuesta en la superficie de la célula (Glander y Schaller, 1999; Paasch y col., 2004). Luego de la MIV la tasa de apoptosis temprana fue evaluada en CC utilizando un kit de tinción de Anexina-V-Fluos (Roche, Cat n° 11-858-777-001). La prueba involucra la tinción simultánea con Anexina-V-FLOUS (verde) y el colorante de ADN, ioduro de propidio (IP, rojo). Las células normales observadas al microscopio no presentan ninguna de las dos tinciones. Las células apoptóticas son visibles en color verde y pueden ser diferenciadas de las células necróticas por la tinción de IP (se tiñen de verde y naranja) (Figura 2). Las muestras (1×10^6 CC) fueron lavadas dos veces con PBS y centrifugadas a 200g por 5 min. Luego el pellet fue resuspendido en 100 µl de solución de marcado de Anexina-V-Fluos (Anexina-V + fluoresceína, HEPES y ioduro de propidio), e incubado en oscuridad por 10 a 15 min. a 15-20 °C.

FIGURA 2. Imagen microscópica a 400X de un mismo campo, bajo contraste de fase (a) o bajo fluorescencia (b). Pueden observarse células del cúmulus positivas para Anexina V (Flechas).

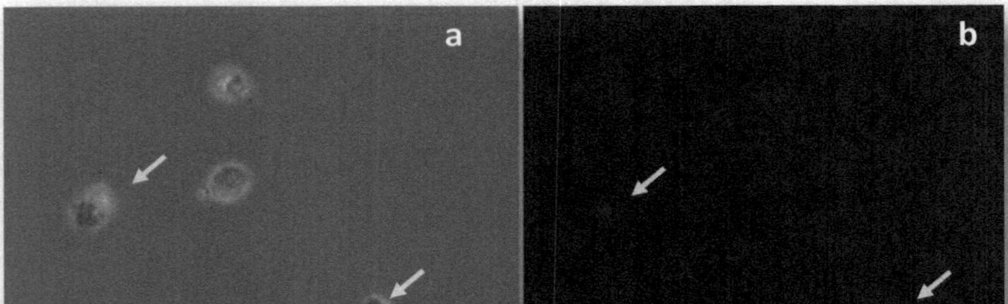

4.2.6 Ensayo cometa (integridad del ADN)

Al finalizar la MIV, los ovocitos de cada tratamiento fueron separados de sus células del cúmulus con pipeteo repetido usando pipeta de vidrio en medio HEPES-TCM 199. Las células del cúmulus fueron lavadas tres veces en PBS libre de Ca^{++}/Mg^{++} con 1mg/ml PVP (polivinilpirrolidona). La disrupción completa de las células se realizó por repetidas aspiraciones con pipeta delgada. Las muestras fueron luego mezcladas con agarosa de bajo punto de fusión. Se realizó la electroforesis de células individuales en gel utilizando la versión alcalina descripta por Singh y col. (1988) con algunas modificaciones (Tice y Strauss, 1995). Los portaobjetos se cubrieron con una capa de 180 µl de agarosa al 0,5% (Carlsbad, Carlsbad, CA, USA). Las muestras de células del cúmulus se mezclaron con 75 µl de agarosa de bajo punto de fusión al 0,5% (Carlsbad, Carlsbad, CA, USA), se distribuyeron sobre los portaobjetos y se cubrieron con cubreobjetos. Luego de la solidificación de la agarosa a 4°C por 10 min., los cubreobjetos fueron removidos, los portaobjetos con las muestras fueron sumergidos en solución de lisis durante una noche a 4°C y finalmente equilibrados en una solución alcalina por 20 min. La electroforesis se realizó por 30 min a 25 V y 300 mA (1,25 V/cm). Luego de la corrida electroforética, los portaobjetos fueron neutralizados con tres lavados (5 min. cada uno) con TRIS (pH 7,5) y por último con agua destilada. Las muestras fueron teñidas con una solución 1/1000 de SYBR Green (Molecular Probes, Eugene, OR, USA) (Olive y col., 1999). La evaluación y conteo de las células se realizó a 400X con un microscopio de fluorescencia (Olympus BX40, con filtro de 515-560 nm) conectado a una cámara de video (Sony 3 CCD-IRIS). Las células se clasificaron en células *Con o Sin Daño* de acuerdo a si el ADN fragmentado migró en el gel formando una "cola del cometa" luego de la electroforesis. Posteriormente, se evaluó la cantidad del ADN migrado y por lo tanto, la longitud de la cola para clasificar a las células en cinco categorías o grados: Grado 0 (cola no visible), Grado 1 (cometas con cola delgada), Grado 2 (cometas con cola difusa), Grado 3 (cometas con colas bien definidas), y Grado 4 (cometas con una clara disminución en el diámetro de la cabeza y con una cola bien definida) (Figura 3). Las unidades de valor de daño del ADN fueron establecidas arbitrariamente de acuerdo a lo propuesto por Collins (2004). El Índice de Daño del ADN (IDD) se obtuvo de la siguiente manera: se evaluaron 100 cometas, y a cada uno se le asignó un valor de 0 a 4 (según la clasificación de Grados), por lo tanto, el valor total para el portaobjetos fue de 0 a 400 "unidades arbitrarias" (Collins, 2004). Se determinó además, el valor de *Olive Tail Moment* (OTM). Este índice es el resultado del producto entre el porcentaje de ADN que constituye la cola y la distancia existente entre los centros de la cabeza y la cola del cometa (Olive y col., 1993; Poul y col., 2004). Para ello, las imágenes fueron procesadas utilizando el software Casp®. (Figura 4).

FIGURA 3. Clasificación de las células según la longitud del cometa. Grado 0 (cola no visible), Grado 1 (cometas con cola delgada), Grado 2 (cometas con cola difusa), Grado 3 (cometas con colas bien definidas), Grado 4 (cometas con una clara disminución en el diámetro de la cabeza y con una cola bien definida) (Collins, 2004).

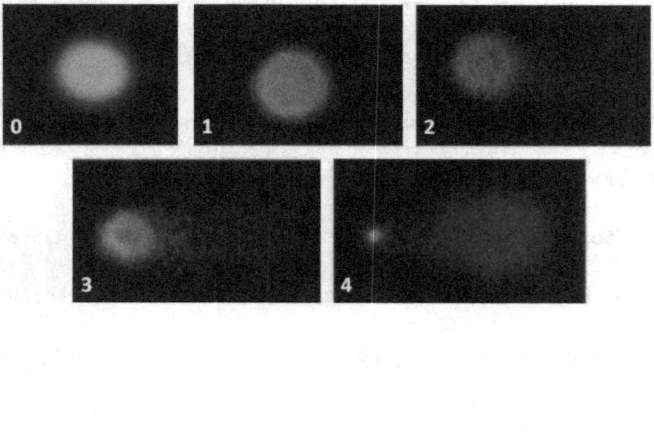

FIGURA 4 Determinación del valor de *Olive Tail Moment* (OTM) mediante el empleo del software Casp®. Este índice es el resultado del producto entre el porcentaje de ADN que constituye la cola y la distancia existente entre los centros de la cabeza y la cola del cometa. (a) Cabeza, (b) cola del cometa.

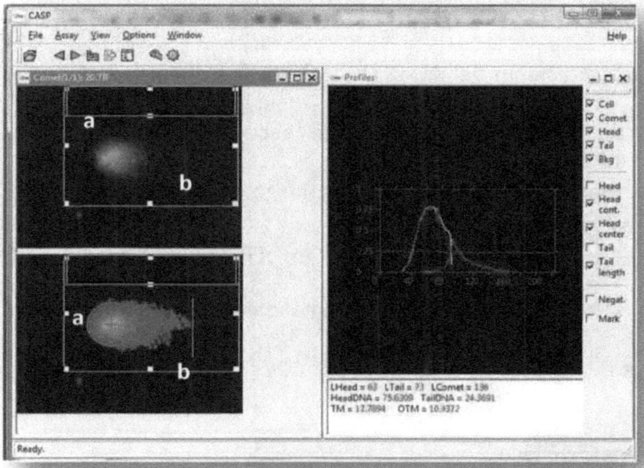

4.2.7 Actividad Superóxido Dismutasa (SOD)

Los extractos enzimáticos de los COC madurados *in vitro* (n= 200/tratamiento) fueron obtenidos por el congelamiento-descongelamiento reiterado (2 veces) en agua destilada. La suspensión fue centrifugada a 4°C y a 10.000 g por 20 min. y el sobrenadante fue utilizado para determinar la actividad enzimática total. La actividad SOD fue medida utilizando un Kit comercial (RANSOD, Randox Laboratories Limited, UK). Este método utiliza xantina (Xa) y xantina oxidasa (XO) para generar radicales superóxidos los cuales reaccionan con 2-(4-iodofenil)-3-(4-nitrofenol)-5-cloruro de feniltetrazolium (I.N.T.). Como producto de esta reacción se forman moléculas de formazán que se ponen en evidencia por un cambio en la coloración (color rojo) que lo hace medible con un espectofotómetro-UV. La actividad SOD es luego medida por el grado de inhibición de esta reacción. La SOD compite con el I.N.T. por los aniones superóxidos producidos por la XO. Una unidad SOD es aquella que causa un 50% de inhibición en la tasa de reducción de I.N.T. bajo las condiciones del ensayo. Las soluciones estándares empleadas se encuentran en el rango de 0,148 a 4,76 U / ml y se prepararon de acuerdo a las especificaciones del Kit. Las reacciones fueron iniciadas por el agregado de 75 µl de la solución de XO (80 U/l) a la solución de reacción (I.N.T. + Xa + muestra o estándar). Las muestras fueron medidas en dos tiempos: luego de 30 segundos y a los 3 minutos de iniciada la reacción, a una longitud de onda de 505 nm con un espectofotómetro Hitachi U-200. Todas las muestras, los blancos y los estándares fueron corridos por triplicado y la actividad SOD fue reportada como unidades por COC.

4.2.8 Análisis estadístico

Se utilizó un diseño experimental completamente aleatorio en bloque. El análisis estadístico de las variables continuas (área de expansión del cúmulus, concentración intracelular de GSH, índice de daño del ADN, Olive Tail Moment y actividad SOD) se realizó mediante una regresión lineal mixta con el procedimiento MIXED de SAS 9.0 (SAS Inst. Inc.). El modelo incluyó el efecto aleatorio del bloque (repetición= 4-6) y el efecto fijo del tratamiento (Control vs. Mn1 vs. Mn2 vs. Mn3). En el caso del área de expansión se utilizó tiempo 0 (T0) como co-variable. El análisis estadístico de las variables binomiales (tasa de apoptosis en CC y porcentaje de CC con daño en el ADN) se realizó mediante una regresión logística con el procedimiento GENMOD de SAS 9.0 (SAS Inst. Inc.). Se utilizó una distribución Binomial y un enlace Logit. El modelo logístico incluyó los efectos descriptos anteriormente (bloque y tratamiento). Se consideraron efectos significativos a las $p<0,05$ y tendencias a las p<0,10 y >0,05. Los resultados de las variables continuas se expresan como el promedio ± ESM, mientras que, los resultados de las variables binomiales se expresan como porcentaje (%).

4.3 Diseño experimental

4.3.1 Efecto del Mn sobre el área de expansión del cúmulus

En el Experimento 1, se evaluó el efecto de la adición de Mn al medio de MIV en las concentraciones establecidas previamente (4.2.2) sobre el área de expansión del cúmulus. Cada COC fue incubado individualmente, durante 24 hs en microgotas de 50 µl de medio de MIV bajo vaselina (4.2.2). Posteriormente, se calculó el área de expansión del cúmulus como se describe en 4.2.3. Para este propósito, se maduraron *in vitro* 300 COC que fueron colectados en días diferentes (n= 5 repeticiones). Cada día se recogieron 60 COC que fueron divididos en 4 grupos (n= 15 por tratamiento).

4.3.2 Efecto del Mn sobre la concentración intracelular de GSH

En el Experimento 2, se evaluó el efecto del agregado de Mn al medio de MIV sobre la concentración intracelular de GSH-GSSG en ovocitos y células del cúmulus. Para ello, los COC fueron madurados por 24 hs (4.2.2) y la concentración total de GSH se determinó como se describe en 4.2.4. Se utilizaron 800 COC colectados en cuatro días diferentes (n= 4 repeticiones) y en cada repetición se incubaron 200 COC distribuidos en grupos de 50 COC por tratamiento.

4.3.3 Efecto del Mn sobre la tasa de apoptosis en células del cúmulus.

En el Experimento 3, se evaluó el efecto del agregado de diferentes concentraciones de Mn al medio de MIV, sobre la apoptosis temprana de células del cúmulus de COC madurados in vitro (4.2.2). La apoptosis fue evaluada con un kit de Anexina-V-FLUOS (Roche, Cat # 11-858-777-001) como se describe en la sección 4.2.5. Para este propósito, se utilizaron 800 COC distribuidos en cuatro repeticiones en días diferentes (200 COC por repetición, 50 COC por tratamiento). Se analizó un total de 200 células del cúmulus por tratamiento bajo microscopio de fluorescencia a 400X con filtro de 515-560 nm.

4.3.4 Efecto del Mn sobre la integridad del ADN de células del cúmulus

En el Experimento 4, se analizó el efecto de la adición de distintas concentraciones de Mn al medio de MIV sobre el daño en la integridad del ADN de células del cúmulus evaluado por Ensayo Cometa. Los COC fueron madurados por 24hs (4.2.2), y luego se evaluó el daño en el ADN como se describe en 4.2.6. Para este propósito, se utilizaron 800 COC en cuatro repeticiones de días diferentes (200 COC por repetición, 50 COC por tratamiento). Para preparar los portaobjetos con las muestras, los 50 COC de cada grupo se procesaron juntos y se analizaron al menos 250 células por tratamiento.

4.3.5 Efecto del Mn sobre la actividad SOD del complejo ovocito-cúmulus

En el Experimento 5, se evaluó el efecto de 6,3 ng/ml Mn (Mn3) en el medio de MIV sobre la actividad SOD total del COC luego de 24 hs de maduración (4.2.2). La actividad SOD total se determinó como se describe en 4.2.7. Para este propósito, se utilizaron 400 COC (200 COC para Control y 200 COC para Mn3). Los COC pertenecientes al mismo tratamiento fueron congelados (-70°C) en el mismo vial hasta el momento de su análisis.

4.4 Resultados

4.4.1 Efecto del Mn sobre el área de expansión del cúmulus

No hubo diferencias significativas en el área de expansión del cúmulus de los COC madurados in vitro (Experimento 1) en presencia de distintas concentraciones de Mn adicionadas al medio de MIV (Tabla 1). Por otro lado, no hubo diferencias significativas en el número de células del cúmulus por COC (n= 40 COC por tratamiento) antes o después de la MIV con ninguna de las concentraciones de Mn evaluadas (Antes de la MIV: 13 900 ± 1.100; después de la MIV: 14.032 ± 1.100 (Control), 14.180 ± 1.207 (Mn1), 14.544 ± 1.390 (Mn2), y 15.010 ± 1.237 (Mn3) células del cúmulus/COC). El porcentaje de maduración nuclear (metafase II + cuerpo polar) se determinó con microscopio de epifluorescencia utilizando Hoechst 33342 (2.6). Este porcentaje fue de 90-95% y no mostró diferencias significativas con las distintas concentraciones de Mn utilizadas durante la MIV.

4.4.2 Efecto del Mn sobre la concentración intracelular de GSH

La concentración de GSH-GSSG en ovocitos y en las células del cúmulus madurados con el agregado de Mn (Experimento 2) fue mayor que en el grupo Control ($p < 0,01$). La concentración intracelular de GSH-GSSG en ovocitos y células del cúmulus no presentó diferencias significativas entre Mn2 y Mn3. Sin embargo en Mn1 la concentración de GSH-GSSG fue menor ($P < 0,01$) (Tabla 2).

TABLA 1. Área de expansión del cúmulus de los COC antes (T0) y después de la maduración (T24) con diferentes concentraciones de Mn en el medio de MIV.

Tratamiento	Número de COC	Área del cúmulus (µm²)
Control	75	585.115 ± 40.533 [a]
Mn1	75	537.475 ± 41.124 [a]
Mn2	75	565.726 ± 32.901 [a]
Mn3	75	552.461 ± 33.947 [a]

No hubo diferencias en el área de expansión entre los distintos tratamientos.
Los COC bovinos se incubaron en medio de MIV sin suplementar (Control= 0,3 ng/ml Mn) o suplementado con Mn: Mn1) 2,3 ng/ml; Mn2) 4,3 ng/ml y Mn3) 6,3 ng/ml. Todos los valores correspondientes a µm² se expresan como la media ± ESM (300 COC en 5 repeticiones, 60 COC por repetición, 15 COC por tratamiento en cada repetición).

TABLA 2. Contenido intracelular de GSH-GSSG en ovocitos bovinos y células del cúmulus luego de la MIV con distintas concentraciones de manganeso.

	Control	Mn1	Mn2	Mn3
GSH-GSSG (pmol/ovocitos)	3,52 ± 0,08[a]	4,32 ± 0,28[b]	5,45 ± 0,24[c]	5,2 ± 0,26[c]
GSH-GSSG (nmol/10^6 CC)	0,29 ± 0,02[a]	0,38 ± 0,02[b]	0,5 ± 0,02[c]	0,5 ± 0,04[c]

CC: células del cúmulus
(a, b y c) indican que los valores dentro de una misma fila difieren significativamente (p < 0,01).
Los COC bovinos se incubaron en medio de MIV sin suplementar (Control= 0,3 ng/ml Mn) o suplementado con Mn: Mn1) 2,3 ng/ml; Mn2) 4,3 ng/ml y Mn3) 6,3 ng/ml. Todos los valores correspondientes a pmol GSH-GSSG/ovocito y nmol GSH-GSSG/10^6 células cúmulus se expresan como la media ± ESM (800 COC en 4 repeticiones, 200 COC por repetición, 50 COC por tratamiento en cada repetición).

4.4.3 Efecto del Mn sobre la tasa de apoptosis de células del cúmulus

En el Experimento 3, se evaluó la tasa de apoptosis de las células del cúmulus tratadas con diferentes concentraciones de Mn. La frecuencia de células apoptóticas fue mayor en el grupo Control con respecto a las células cultivadas con el agregado de Mn ($p < 0,05$). Existieron diferencias significativas entre Mn1 y Mn3 ($p < 0,01$) y entre Mn2 y Mn3 ($p < 0,05$), mientras que la tasa de apoptosis no fue diferente entre Mn1 y Mn2 (Figura 5).

FIGURA 5. Efecto de diferentes concentraciones de manganeso sobre la tasa de apoptosis en células del cúmulus evaluado con Anexina V-FLUOS.

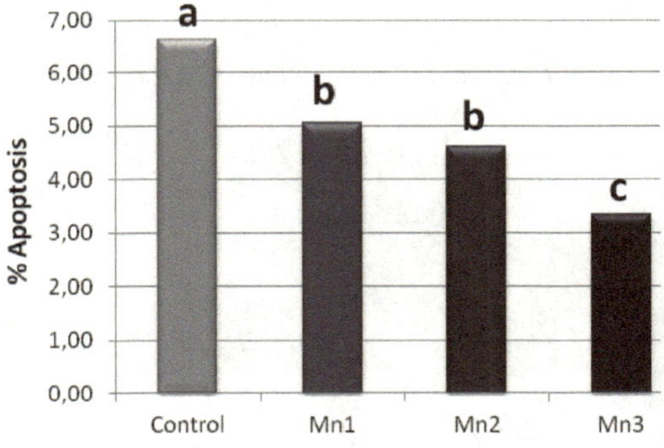

(a, b y c) indican diferencias significativas ($p < 0,05$).
Los COC bovinos se incubaron en medio de MIV sin suplementar (Control= 0,3 ng/ml Mn) o suplementado con Mn: Mn1) 2,3 ng/ml; Mn2) 4,3 ng/ml y Mn3) 6,3 ng/ml. Los valores se expresan como porcentajes de apoptosis (Control: 6,63%, Mn1: 5,05%, Mn2: 4,61% y Mn3: 3,33%). Se utilizaron 800 COC en 5 repeticiones, 60 COC por repetición, 15 COC por tratamiento en cada repetición.

4.4.4 Efecto del Mn sobre la integridad del ADN de células del cúmulus

El agregado de Mn durante la MIV disminuyó el Índice de Daño del ADN (IDD, Experimento 4) en las CC cultivadas con las distintas concentraciones de Mn, mientras que en CC maduradas sin el agregado de este mineral el IDD fue significativamente mayor (p< 0,05) (Figura 6). Además, los resultados obtenidos demostraron que con el agregado de Mn hubo una proporción mayor de CC con menor grado de daño en el ADN (Tabla 3). Los COC madurados con 6,3 ng/ml Mn presentaron un porcentaje significativamente menor de daño con respecto al medio Control (16,85% y 26,28% respectivamente; p< 0,01) (Tabla 4). Por otro lado, el valor de OTM fue similar en las CC maduradas con distintas concentraciones de Mn y menor en todos los casos con respecto al grupo Control (p< 0,01) (Figura 7).

FIGURA 6. Índice de Daño del ADN en células del cúmulus luego de la MIV con distintas concentraciones de manganeso.

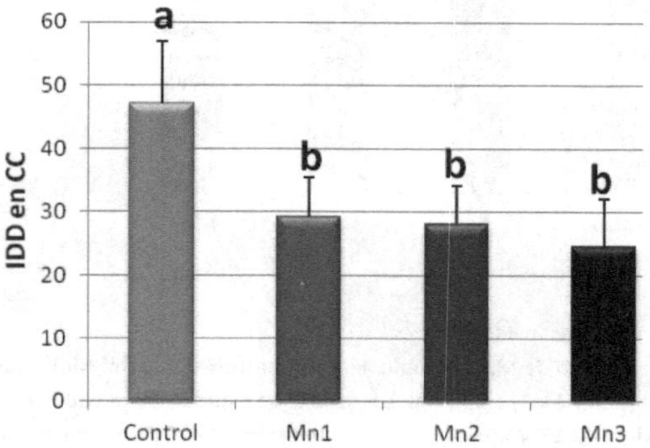

IDD: Índice de Daño del ADN
CC: células del cúmulus
(a y b) indican diferencias significativas (p < 0,05).
Los COC bovinos se incubaron en medio de MIV sin suplementar (Control= 0,3 ng/ml Mn) o suplementado con Mn: Mn1) 2,3 ng/ml; Mn2) 4,3 ng/ml y Mn3) 6,3 ng/ml. Todos los valores correspondientes al IDD en CC se expresan como la media ± ESM (Control: 47,14 ± 9,8, Mn1: 29,17 ± 6,26, Mn2: 28 ± 6,25 y Mn3: 24,57 ± 7,63). Se utilizaron 800 COC en 4 repeticiones, 200 COC por repetición, 50 COC por tratamiento en cada repetición).

TABLA 3. Grado de daño del ADN en células del cúmulus luego de la MIV con distintas concentraciones de manganeso.

Tratamiento	Grado de daño (%)				
	Grado 0	Grado 1	Grado 2	Grado 3	Grado 4
Control	73,71 [a]	14 [a]	6 [a]	4 [a]	2,28 [a]
Mn1	79,42 [ab]	14,85 [a]	3,71 [ab]	1,14 [b]	0,85 [b]
Mn2	77,14[ab]	19,42 [b]	2,28 [b]	0,57 [b]	0,57 [b]
Mn3	82,9 [b]	11,68 [a]	3,98 [ab]	0,85 [b]	0,57 [b]

(a y b) indican que los valores dentro de una misma columna difieren significativamente ($p < 0,05$).
Los COC bovinos se incubaron en medio de MIV sin suplementar (Control= 0,3 ng/ml Mn) o suplementado con Mn: Mn1) 2,3 ng/ml; Mn2) 4,3 ng/ml y Mn3) 6,3 ng/ml. Los valores se expresan como el porcentaje de 800 COC en cuatro repeticiones, 200 COC por repetición, 50 COC por tratamiento.

TABLA 4. Porcentaje de células del cúmulus Con o Sin daño en el ADN de acuerdo a la concentración de manganeso en el medio de cultivo.

Tratamiento	CC Con daño en el ADN (%)	CC Sin daño en el ADN (%)
Control	26,28[a]	73,71 [a]
Mn1	20,57 [ab]	79,42 [ab]
Mn2	22,85 [ab]	77,14 [ab]
Mn3	16,85 [b]	82,9 [b]

CC: células del cúmulus
(a y b) indican que los valores dentro de una misma columna difieren significativamente ($P < 0,01$).
Los COC bovinos se incubaron en medio de MIV sin suplementar (Control= 0,3 ng/ml Mn) o suplementado con Mn: Mn1) 2,3 ng/ml; Mn2) 4,3 ng/ml y Mn3) 6,3 ng/ml. Los valores se expresan como el porcentaje de 800 COC en cuatro repeticiones, 200 COC por réplica, 50 COC por tratamiento.

FIGURA 7. Valor de *Olive Tail Moment* en células del cúmulus luego de la MIV con distintas concentraciones de manganeso.

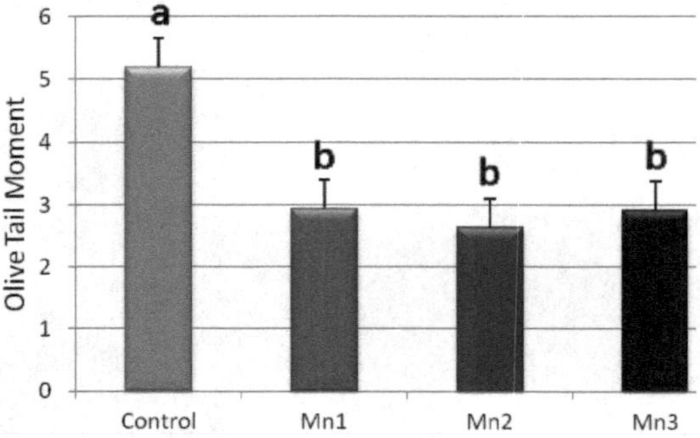

(a y b) indican diferencias significativas ($p < 0,01$).
Los COC bovinos se incubaron en medio de MIV sin suplementar (Control= 0,3 ng/ml Mn) o suplementado con Mn: Mn1) 2,3 ng/ml; Mn2) 4,3 ng/ml y Mn3) 6,3 ng/ml. Todos los valores correspondientes Olive Tail Moment se expresan como la media ± ESM (Control: 5,18 ± 0,47, Mn1: 2,93 ± 0,47, Mn2: 2,63 ± 0,47 y Mn3: 2,92 ± 0,47). Se utilizaron 800 COC en 4 repeticiones, 200 COC por repetición, 50 COC por tratamiento en cada repetición.

FIGURA 8. Actividad SOD del complejo ovocito-cúmulus luego de la MIV con y sin manganeso.

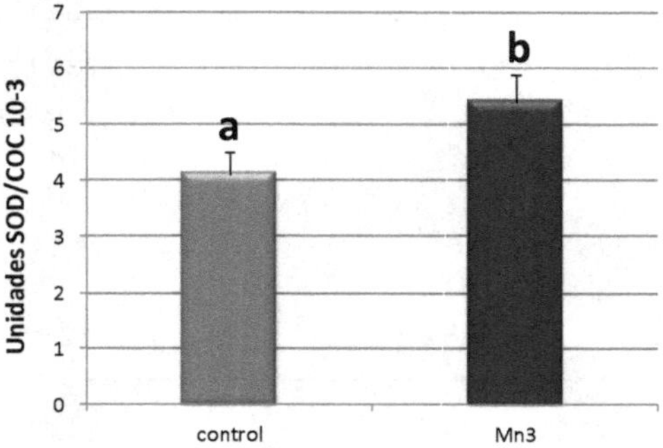

(a y b) indican diferencias significativas ($p < 0,05$).
Los COC bovinos se incubaron en medio de MIV sin suplementar (Control= 0,3 ng/ml Mn) o suplementado con 6,3 ng/ml Mn (Mn3). Los valores se expresan como la media ± ESM (400 COC, 200 COC por tratamiento).

4.4.5 Efecto del Mn sobre la actividad SOD del complejo ovocito-cúmulus

En este Experimento (5), la actividad SOD de COC madurados con el agregado de Mn (Mn3) fue mayor que en el grupo Control (Control: 4,1 ± 0,42; Mn3: 5,5 ± 0,53 Unidades SOD/COC 10 $^{-3}$; p< 0,05) (Figura 8).

4.5 Discusión

El complejo ovocito-cúmulus es una unidad estructural que se encuentra alojada dentro del folículo antral de mamífero y que consiste en un ovocito rodeado por varias capas de células foliculares (células del cúmulus). En la mayoría de los mamíferos, el ovocito ovulado está rodeado por CC embebidas en una matriz extracelular rica en ácido hialurónico (AH) que ellas mismas sintetizan dentro del folículo durante el período preovulatorio (Salustri y col., 1992). La síntesis de AH está íntimamente correlacionada con el grado de expansión del cúmulus durante la maduración del ovocito (Salustri y col., 1989; Chen y col., 1990). El AH del cúmulus expandido se organiza en los espacios intercelulares de las CC formando la matriz extracelular mediante uniones covalentes con la familia de proteínas de inhibición alfa (Eppig., 1980; Salustri y col., 1989; Chen y col., 1990). En estudios *in vitro* se ha demostrado que la síntesis *de novo* de AH es estimulada por la FSH y que componente/s del suero posibilitan la retención del mismo dentro del complejo ovocito-cúmulus (Eppig, 1980; Chen y col., 1992).

En este estudio se pudo comprobar que el agregado de Mn al medio de MIV no modificó el área de expansión del cúmulus luego de la maduración. Una de las formas de evaluar la síntesis de AH en el COC maduro es la medición del área de expansión del cúmulus *oophorus* (Furnus y col., 1998). Estudios previos indican que el AH es un polisacárido lineal sintetizado por una serie de enzimas denominadas glicosiltransferasas que sólo pueden activarse en presencia de Mn (DeAngelis, 1999; Keen y col., 2009). Sin embargo, el análisis de imágenes de los COC madurados in vitro con y sin el agregado de Mn, mostró que tanto los valores correspondientes al área de expansión del cúmulus como el número de CC por COC fue similar en todos los casos.

El agregado de Mn al medio de maduración incrementó la concentración intracelular de GSH-GSSG en el ovocito y las CC. Esto podría deberse a un mejor estatus antioxidante de las células. El GSH es el principal compuesto sulfatado no proteico que protege a las células de mamífero del daño oxidativo (Pastore y col., 2003). Cuando el estado redox de una célula se ve alterado, se produce un mayor consumo de GSH que conduce a un agotamiento intracelular de este compuesto tiólico. (Martin y Teismann, 2009). Los ovocitos madurados *in vivo* poseen una concentración de GSH mayor que los madurados *in vitro* (Brad y col. 2003). Esto se debe a una mayor exposición a especies reactivas del oxigeno (ROS) durante la MIV, momento en el que los ovocitos están sometidos a una alta concentración de oxigeno (Luberda, 2005). La relación entre el Mn y el estatus antioxidante ha sido bien estudiada en otros tipos celulares. A altas concentraciones, el Mn causa desordenes neurodegenerativos atribuidos a un mayor estrés oxidativo (Dobson y col., 2004; HaMai y Bondy, 2004; Santamaria y Sulsky, 2010). Sin embargo, a bajas concentraciones actúa como un potente antioxidante (Sziraki y col., 1995), incrementando la actividad Mn-SOD, capturando radicales superóxido e hidroxilo, promoviendo la síntesis de metalotioneina y compitiendo con el hierro por el transportador celular (Chihuailaf y col., 2002).

Experimentos *in vitro* han demostrado la habilidad del Mn para eliminar los radicales libres generados en diferentes condiciones mediadas por peroxidación lipídica (Cavallini y col., 1983; Coassin y col., 1992; Sziráki y col., 1999; Hussain y Ali, 1999; Valachová y col., 2010). En un estudio realizado en ratones, el tratamiento con Mn redujo el daño oxidativo inducido por cadmio, evitando la disminución de la concentración hepática de GSH (Eybl y Kotyzová, 2010). Un efecto similar fue descripto por Weber y colaboradores (2002), quienes observaron un incremento en la concentración cerebrocortical de GSH, con la suplementación oral de Mn en ratas lactantes. La suplementación con Mn a muestras de semen en humanos, bajo condiciones de estrés oxidativo inducido por agentes oxidantes, incrementó el contenido intracelular total de GSH/GSSG en los espermatozoides (Bansal y Kaur, 2009). Esto concuerda con los resultados obtenidos en nuestro estudio donde la suplementación con Mn al medio de MIV incrementó los niveles intracelulares de GSH/GSSG, tanto en ovocitos como en células del cúmulus. Este comportamiento podría ser explicado por la naturaleza anti-oxidante del Mn, el cual evitaría el consumo de GSH durante la MIV.

La tasa de apoptosis disminuyó en las CC de COC madurados *in vitro* con el agregado de Mn a medida que aumentó la concentración de este mineral en el medio de MIV. Las CC cultivadas con 6,3 ng/ml de Mn, concentración plasmática considerada "adecuada" para el bovino por Kincaid (1999), presentaron la tasa de apoptosis más baja. Existe evidencia que demuestra que el estrés oxidativo induce la muerte celular programada o apoptosis (Delong, 1998). Sin embargo, este proceso es también un mecanismo fisiológico destinado a mantener la homeostasis tisular y de acción fundamental durante la embriogénesis (Schrantz y col., 1999). Este fenómeno que se inicia por diferentes vías depende en todos los casos, de la activación de un grupo de proteasas llamadas caspasas (Czerski y Nuñez, 2004; Elmore, 2007). Entre estas enzimas se encuentra la caspasa-3 responsable de desencadenar la fragmentación del ADN, la degradación de las proteínas nucleares y del citoesqueleto, la formación de cuerpos apoptóticos y la expresión de ligandos para receptores de células fagocíticas (Martinvalet y col., 2005; Elmore, 2007). La apoptosis ocurre cuando el daño celular, incluyendo el daño en el material genético, ha sobrepasado la capacidad de reparación de la célula (Rana y col., 2008). El daño en el ADN puede ser el producto final de este proceso o uno de los responsables de su desarrollo (Wang, 2001; Norbury y Zhivotovsky, 2004; Rana y col., 2008; Song y col., 2009).

Trabajos previos sugieren que cationes divalentes como el Mn intervienen en la regulación de la apoptosis en células de mamífero (Schrantz y col., 1999). El Mn parece ser capaz de modificar el estado redox de la célula y modular la apoptosis, dependiendo del tipo celular y la concentración utilizada (Schrantz y col., 1999). Se ha observado que altas concentraciones de Mn inducen la apoptosis en células B humanas (Schrantz y col., 1999; El Mchichi y col., 2007), células HeLa (Oubrahim y col., 2001), células NIH3T3 (Oubrahim y col., 2002), células PC12 (Hirata, 2002), y astrocitos de rata (Yin y col., 2008). Sin embargo, al igual que en nuestros estudios el Mn a bajas concentraciones actuaría como un potente antioxidante "previniendo" la muerte celular programada (Archibald y Fridovich, 1982; OishiK y MachidaK, 1997; Hussain y Ali, 1999). La prevención de la apoptosis se debería a la activación de Mn-SOD y a la función antioxidante de los cationes libres de Mn (Schrantz y col., 1999). Diversos trabajos han establecido una relación directa entre la actividad Mn-SOD y el aumento de la resistencia al daño celular y la apoptosis (Keller y col., 1998; Epperly y col., 2002; Holley y col., 2011).

El agregado de Mn al medio de maduración disminuyó el daño en el ADN de las CC durante la MIV, evidenciando un efecto "protector" de este mineral contra el daño en dicha molécula. El rol antioxidante del Mn podría ser un mecanismo importante en el mantenimiento de la integridad del ADN de las CC. Se demostró, que la reducción de la actividad Mn-SOD produce un incremento en el daño oxidativo del ADN de ratones knock-out heterocigotas para Mn-SOD (Van Remmen y col., 2003; Ramachandran y col., 2011). Además, Pollard y colaboradores (2009) observaron en células humanas irradiadas, una disminución en el daño del ADN con el agregado de un análogo de Mn-SOD (MnTnHex-2-PyP). En las CC, la tasa de apoptosis y el daño en el ADN no presentaron el mismo comportamiento. Mientras que la tasa de apoptosis fue dependiente de la cantidad de Mn agregada al medio de MIV, el grado de daño en el ADN no mostró diferencias entre las concentraciones de Mn empleadas. Teniendo en cuenta lo expuesto anteriormente podríamos decir que el daño observado en la molécula de ADN no es el producto final del proceso de apoptosis sino, uno de los responsables de su desarrollo. Esta diferencia indicaría además, que el rol "anti- apoptotico" del Mn no se debe solo a la reducción del daño en el ADN, sugiriendo la participación de al menos otro mecanismo en la prevención contra la apoptosis.

Altos niveles intracelulares de GSH han sido asociados con fenotipos resistentes a la apoptosis (Friesen y col., 2004; Cazanave y col., 2006), mientras que la depleción de GSH por sí misma, la ha inducido o estimulado (Armstrong y col., 2002; Friesen y col., 2004). El efecto protector de los tioles (como el GSH) sobre la apoptosis, en bajas condiciones de ROS o estrés oxidativo, han sugerido un rol activo del GSH en su regulación, jugando más que un simple rol antioxidante (Franco y Cidlowski, 2009). El aumento en los niveles intracelulares de GSH/GSSG observados en las CC con el agregado de Mn al medio de MIV, podrían explicar en parte, la disminución en la tasa de apoptosis. Esta hipótesis se ve reforzada por el elevado coeficiente de asociación encontrado entre estos dos parámetros ($R^2 = 0{,}83$; $p < 0{,}01$).

La actividad SOD en los COC aumentó cuando fueron madurados con Mn. La mitocondria es considerada la mayor fuente celular de ROS (Dugan y col., 1995; Piantadosi y Zhang, 1996) y un sitio importante para la iniciación y progresión de la apoptosis (Gulbins y col., 2003; Spierings y col., 2005). Diversas alteraciones fisiológicas y bioquímicas en la mitocondria, incluyendo la interrupción del potencial de membrana, el aumento de la permeabilidad mitocondrial, la movilización de calcio, la generación de radicales superóxido y la liberación de factores pro-apoptoticos como el citocromo *c*, suceden antes que los eventos citoplasmáticos y nucleares asociados a la apoptosis (Kroemer y col., 1997). Se ha demostrado que el aumento en los niveles de ROS promueven la apoptosis al inducir algunos de estos cambios en la mitocondria (Simon y col., 2000; Kroemer, 2003; Circu y Aw, 2010). La Mn-SOD protege a las células contra el daño causado por ROS al catalizar la dismutación del radical superóxido a peróxido de hidrógeno (H_2O_2) un compuesto menos reactivo, que será convertido posteriormente a oxígeno libre y agua (de Rosa y col., 1980; Fridovich, 1995; Chihuailaf y col., 2002). Además, la Mn-SOD protege a la mitocondria de la pérdida del potencial de membrana y evita la liberación de proteínas que desencadenan la apoptosis como, el citocromo c y Smac/DIABLO (Epperly y col., 2002; Mohr y col., 2007; Holley y col.,

2011). El aumento de la actividad SOD en respuesta al agregado de Mn al medio de MIV, podría ser otro de los mecanismos involucrados en la disminución de la tasa de apoptosis en las CC. Probablemente, la mayor actividad observada en los COC suplementados con Mn se deba en parte a una mayor actividad Mn-SOD, dado el rol que cumple este mineral en la activación de la enzima.

En conclusión, los resultados de este estudio muestran que: 1) El agregado de Mn al medio de MIV no modificó el área de expansión del cúmulus luego de la maduración. 2) El agregado de Mn al medio de maduración incrementó la concentración intracelular de GSH-GSSG en el ovocito y las CC. 3) La tasa de apoptosis disminuyó en las CC de COC madurados *in vitro* con el agregado de Mn a medida que aumentó la concentración de este mineral en el medio de MIV. 4) El agregado de Mn al medio de maduración disminuyó el daño en el ADN de las CC durante la MIV, evidenciando un efecto "protector" de este mineral contra el daño en dicha molécula. 5) La actividad SOD en los COC aumentó cuando fueron madurados con Mn. Nuestros resultados sugieren que el Mn podría actuar como un factor importante durante la maduración *in vitro*, mejorando el estatus antioxidante del COC bovino.

Capítulo 3

EFECTO DE DISTINTAS CONCENTRACIONES DE MANGANESO SOBRE LA CAPACIDAD DE DESARROLLO POSTERIOR HASTA EL ESTADIO PREIMPLANTACIONAL DE BLASTOCISTO

5.1 Introducción

La maduración de los ovocitos de mamífero tanto *in vivo* como *in vitro*, tiene como resultado final la obtención de un ovocito en metafase II (MII), capaz de ser fertilizado y que permita, eventualmente, el desarrollo embrionario normal (Fulka y col., 1998). Este es un proceso largo durante el cual los ovocitos adquieren la capacidad intrínseca de avanzar a través de las etapas subsiguientes del desarrollo e implica tanto la maduración nuclear como citoplasmática del mismo, la cual se ve acompañada de la expansión y mucificación de las células del cúmulus (Eppig, 1982; Fulka y col., 1998; Ferreira y col., 2009). La maduración nuclear implica, la reanudación de la meiosis, la formación del huso acromático, la condensación de la cromatina, la segregación de los cromosomas y la liberación del primer cuerpo polar. En este momento, los ovocitos quedan detenidos en MII hasta el momento de la fertilización (Evans y Robinson, 2011). La maduración citoplasmática es un proceso menos comprendido y consiste en tres grandes eventos, la redistribución de las organelas, cambios en el citoescueleto y la denominada maduración molecular, caracterizada por la síntesis y fosforilación de proteínas relacionadas con la meiosis y la formación del pronúcleo femenino (Hunter y Moor, 1987; Simon y col., 1989; Fulka y col., 1991).

Una maduración citoplasmática incompleta compromete seriamente la capacidad fértil y el desarrollo posterior de los ovocitos. Estas gametas acumulan durante su crecimiento ARNm materno, proteínas y moléculas reguladoras que intervienen en la culminación de la meiosis, la fertilización y la embriogénesis temprana (Eppig y Wigglesworth, 2000). Existen moléculas que se sintetizan y acumulan en el ovocito durante la maduración y que son esenciales para el desarrollo embrionario. A estas moléculas se las consideran como indicadores de la maduración citoplasmática. Algunos de ellos son, las moléculas de ATP (Stojkovic y col., 2001) y el glutatión (GSH) (de Matos y col., 1995). Al igual que el GSH, ciertas moléculas del sistema enzimático antioxidante como la catalasa y la superóxido dismutasa, se hallan presentes en las CC y en ovocitos de bovino después de la maduración *in vitro*, jugando un rol protector importante durante la maduración de los mismos (Cética y col., 2001). Otro indicador de la maduración es la tasa de apoptosis en las células del cúmulus que rodean al ovocito. Un número elevado de células apoptóticas se asocia a estados inmaduros en ovocitos humanos, a una reducida tasa de fertilización y a un menor porcentaje de desarrollo embrionario (Host y col., 2002; Corn y col., 2005).

En los últimos años, se han hecho importantes esfuerzos para determinar el papel de los elementos traza en la reproducción de mamíferos. Sin embargo, se ha estudiado poco en la especie bovina y sobre todo en lo referente a la maduración de los ovocitos y el desarrollo embrionario posterior *in vitro* (Gao y col., 2007).

En consecuencia, se diseñaron una serie de experimentos para estudiar el efecto de diferentes concentraciones de Mn durante la MIV sobre: 1) el desarrollo embrionario posterior hasta el estadio a blastocisto, 2) la velocidad de desarrollo embrionario posterior y 3) la calidad de los embriones evaluada a partir del número de células por blastocisto a Día 8 de cultivo.

5.2 Material y métodos

5.2.1 Complejos Ovocitos-Cúmulus

La obtención de los ovocitos se llevó a cabo como se describe previamente (2.3). Las repeticiones de cada experimento (n= 6) se realizaron en días diferentes y en cada día se obtuvieron 200 COC, utilizando 50 COC por tratamiento.

5.2.2 MIV, FIV y CIV

Los medios y el procedimiento utilizados para la MIV, FIV y la CIV corresponden a los descriptos previamente en la sección 2.3, 2.4 y 2.5 respectivamente. El medio de MIV fue suplementado con Mn de modo de alcanzar las siguientes concentraciones: Mn1) 2,3 ng/ml; Mn2) 4,3 ng/ml; Mn3) 6,3 ng/ml y un Control sin suplementar (0,3 ng/ml Mn aportado por el suero fetal bovino) (3.4). Al final del CIV, los embriones fueron evaluados para determinar su estado morfológico de desarrollo con un microscopio invertido (Nikon, Diaphot).

5.2.3 Número de células por blastocisto a Día 8

Los blastocistos se fijaron en formaldeído al 4% luego de haber sido lavados 3 veces en PBS con 1% de PVP. Los embriones se incubaron con Triton X-100 al 1%, se colorearon con Hoecht 33342 (2.6) y se montaron con glicerol entre portaobjeto y cubreobjeto. El número total de células por blastocisto (Grado 1) se determinó contando el número de núcleos con un microscopio de epifluorescencia a 40 X y con filtro de exitación de 365-nm, filtro de barrido de 400-nm y un filtro de emisión de 400-nm.

5.2.4 Análisis estadístico

Se utilizó un diseño experimental completamente aleatorio en bloque. El análisis estadístico de las variables binomiales (tasa de clivaje y tasa de blastocistos) se realizó mediante una regresión logística con el procedimiento GENMOD de SAS 9.0 (SAS Inst. Inc.). Se utilizó una distribución Binomial y un enlace Logit. El modelo logístico incluyó los efectos del bloque (6) y del tratamiento (Control vs. Mn1 vs. Mn2 vs. Mn3). El conteo de células por blastocisto se analizó con el procedimiento GENMOD de SAS 9.0 (SAS Inst. Inc.). Se utilizó una distribución Poisson y un enlace Log. El modelo de regresión Poisson incluyó los efectos descriptos anteriormente. Se consideraron efectos significativos a las $p < 0{,}05$ y tendencias a las $p < 0{,}10$ y $p > 0{,}05$. Los resultados de las tasas se expresan como porcentaje (%), mientras que el número de células por embrión lo hacen como el promedio ± ESM.

5.3 Diseño experimental

5.3.1 Efecto del Mn sobre la capacidad de desarrollo de los ovocitos hasta el estadio preimplantacional de blastocisto

En el Experimento 6 se evaluó el efecto del Mn (Mn1: 2,3 ng/ml; Mn2: 4,3 ng/ml; Mn3: 6,3 ng/ml y Control: 0,3 ng/ml Mn) suplementado al medio de MIV, sobre la capacidad de desarrollo posterior de ovocitos de bovino hasta el estadio preimplantacional de blastocisto. Para este propósito, 1140 COC en seis repeticiones de días diferentes fueron madurados *in vitro* en distintas concentraciones de Mn. La tasa de clivaje se evaluó a las 48 horas luego de la inseminación. La tasa de blastocistos incluye aquellos embriones que alcanzaron el estadio de blastocisto expandido y eclosionado al Día 8 de cultivo. Al final del cultivo (Día 8) se evaluó también el porcentaje de blastocistos que eclosionaron de la zona pelúcida (Porcentaje de *hatching*).

5.3.2 Efecto del Mn sobre la velocidad de desarrollo de los ovocitos hasta el estadio preimplantacional de blastocisto

En el Experimento 7 se evaluó la velocidad de desarrollo hasta el estadio de blastocisto de los ovocitos madurados en medio de MIV con el agregado de Mn en distintas concentraciones (Mn1: 2,3 ng/ml; Mn2: 4,3 ng/ml; Mn3: 6,3 ng/ml y Control: 0,3 ng/ml Mn). Para ello, se evalúa el número de embriones que alcanzan el estadio de blastocisto los Días 6, 7 y 8 de cultivo. Los datos fueron obtenidos a partir de los embriones cultivados en el Experimento 6.

5.3.3 Efecto del Mn sobre el número de células por blastocisto a Día 8

En el Experimento 8 se analizó el efecto de distintas concentraciones de Mn durante la MIV de ovocitos bovinos, sobre el número promedio de células por blastocisto al Día 8 de cultivo. El número de células se evaluó sobre un total de 82 embriones (en 3 repeticiones independientes) obtenidos en el Experimento 6.

5.4 Resultados

5.4.1 Efecto del Mn sobre la capacidad de desarrollo de los ovocitos hasta el estadio preimplantacional de blastocisto

La tasa de clivaje (Experimento 6) evaluada a las 48 horas teniendo en cuenta el porcentaje de embriones de 2 células fue similar en todos los grupos estudiados. Sin embargo, no se observaron diferencias significativas en la tasa de clivaje en los grupos Mn1 y Mn3. Por otro lado, cuando los ovocitos fueron madurados *in vitro* con Mn2 o Mn3, el incremento en la tasa de blastocistos fue altamente significativo (p< 0,001) (Tabla 5). El valor de la tasa de blastocistos se incrementó un 15% por cada aumento de 1 ng/ml Mn en el medio de MIV (p< 0,001). La tasa de *hatching* aumentó cuando los ovocitos se maduraron con el agregado de Mn, alcanzando el grupo Mn3 el porcentaje más alto (p< 0,05) (Tabla 6).

TABLA 5: Efecto del Mn durante la maduración *in vitro* de ovocitos sobre el desarrollo embrionario posterior.

Tratamiento	Ovocitos	Clivaje[(2)(1)]	Blastocisto/Ovocito[(1)]	Blastocisto/Clivados[(1)]
	n	%	%	%
Control	288	72,38 [a]	20,76 [a]	28,82 [a]
Mn1	262	74,90 [a]	29,54 [b]	38,73 [b]
Mn2	285	81,14 [a]	38,25 [c]	46,67 [bc]
Mn3	305	75,57 [a]	39,16 [c]	49,59 [c]

(a, b y c) indican que los valores dentro de una misma columna difieren significativamente (p < 0,05).
Los COC bovinos se incubaron en medio de MIV sin suplementar (Control= 0,3 ng/ml Mn) o suplementado con Mn: Mn1) 2,3 ng/ml; Mn2) 4,3 ng/ml y Mn3) 6,3 ng/ml.
(1) Los valores corresponden a 6 repeticiones independientes.
(2) Clivaje: Porcentaje de los ovocitos fertilizados que clivaron por lo menos una vez (embriones de 2 células).

TABLA 6: Efecto del Mn durante la maduración *in vitro* de ovocitos sobre el porcentaje de *hatching*

	Control	Mn1	Mn2	Mn3
Porcentaje de Hatching	15,7 % [a]	28,5 % [b]	32,3 % [b]	42,5 % [c]

(a, b y c) indican diferencias estadísticamente significativas (p< 0,05).
Los COC bovinos se incubaron en medio de MIV sin suplementar (Control= 0,3 ng/ml Mn) o suplementado con Mn: Mn1) 2,3 ng/ml; Mn2) 4,3 ng/ml y Mn3) 6,3 ng/ml. Los valores se expresan como el porcentaje de blastocistos closionados/blastocistos totales por tratamiento (Control = 20,76%; Mn1= 29,54%; Mn2= 38,25%; Mn3= 39,16%). Se evaluaron un total de 437 blastocistos en 6 repeticiones.

5.4.2 Efecto del Mn sobre la velocidad de desarrollo de los ovocitos hasta el estadio preimplantacional de blastocisto

En el Experimento 7, el porcentaje de blastocistos en el Día 6 de cultivo no presentó diferencias significativas entre el grupo Control y aquellos tratados con Mn. Sin embargo, el porcentaje de blastocistos en el Día 7 fue significativamente más alto (p< 0,01) para los ovocitos madurados en el medio con 6,3 ng/ml Mn (Mn3) con respecto a los demás grupos. Además, el porcentaje de blastocistos en Mn2 fue mayor que en el grupo Control (p< 0,01); no encontrándose diferencias entre éste y Mn1. En el Día 8 el grupo Mn3 presentó el porcentaje más bajo de blastocisto (p< 0,01). En el grupo Mn2 el porcentaje fue menor con respecto a Mn1; mientras que no fue diferente entre Mn1 y el grupo Control (Tabla 7).

TABLA 7: Velocidad de desarrollo de ovocitos bovinos madurados *in vitro* con diferentes concentraciones de manganeso.

Tratamiento	Blastocitos Día 6[(1)]	Blastocitos Día 7[(1)]	Blastocitos Día 8[(1)]
	%	%	%
Control	31,22 [a]	36,12 [a]	32,66 [a]
Mn1	30,38 [a]	38,45 [a]	31,17 [a]
Mn2	27,34 [a]	44,8 [b]	27,86 [b]
Mn3	30,43 [a]	51,23 [c]	18,34 [c]

(a, b y c) indican que los valores dentro de una misma columna difieren significativamente ($p < 0,01$).
Los COC bovinos se incubaron en medio de MIV sin suplementar (Control= 0,3 ng/ml Mn) o suplementado con Mn: Mn1) 2,3 ng/ml; Mn2) 4,3 ng/ml y Mn3) 6,3 ng/ml.
(1) Los valores corresponden a 437 blastocistos en 6 repeticiones.

TABLA 8. Promedio de células por blastocisto al día 8 de cultivo desarrollados a partir de ovocitos madurados distintas concentraciones de manganeso.

Tratamiento	Blastocistos (n)	Número Promedio de Células ± ESM / blastocisto
Control	16	91.1 ± 6.1^{a}
Mn1	20	100.5 ± 5.5^{a}
Mn2	22	116.2 ± 3.5^{b}
Mn3	24	118.5 ± 4.2^{b}

(a y b) indican que los valores dentro de una misma columna difieren significativamente ($p < 0,05$).
Los COC bovinos se incubaron en medio de MIV sin suplementar (Control= 0,3 ng/ml Mn) o suplementado con Mn: Mn1) 2,3 ng/ml; Mn2) 4,3 ng/ml y Mn3) 6,3 ng/ml. Los valores se expresan como el promedio del número de células/ blastocisto ± ESM (82 blastocistos en 3 repeticiones).

5.4.3 Efecto del Mn sobre el número de células por blastocistos a Día 8

En el Experimento 8, el número de células por blastocisto disminuyó significativamente ($p < 0,05$) cuando los ovocitos fueron madurados en 0,3 ng/ml (Control) y 2,3 ng/ml Mn (Mn1) (Tabla 8).

5.5 Discusión

Las primeras etapas del desarrollo embrionario son dependientes, en gran medida, de los sucesos que ocurren durante la maduración del ovocito. El suministro adecuado de sustratos metabólicos necesarios para el COC durante la MIV, impacta en la capacidad de desarrollo embrionario posterior de los mismos (Krisher y Bavister, 1998). Actualmente, la evidencia disponible indica que las condiciones de cultivo permiten una adecuada maduración nuclear, pero con frecuencia no pueden mantener una óptima maduración citoplasmática, lo que resulta en una disminución en la capacidad de los ovocitos para avanzar hacia los estadios embrionarios subsiguientes (Cha y Chian, 1998; Moor y col., 1998; Trounson y col., 2001).

El agregado de Mn al medio de MIV incrementó la tasa de blastocistos y la calidad de los embriones (expresada como blastómeras por embrión, velocidad de desarrollo y tasa de *hatching*) obtenidos, evidenciando un importante rol de este mineral en la maduración del ovocito. A nuestro entender, el estudio sobre el papel que desempeña el Mn durante el proceso de maduración y su impacto en el desarrollo embrionario temprano, aún no ha sido abordado en mamíferos. El Mn es un micronutriente esencial que funciona como activador enzimático y como constituyente de diversas metaloenzimas (Forrest, 1993). En ellas, el metal se asocia firmemente a la porción proteica, no pudiendo ser removido de la enzima sin que se produzca la perdida de actividad de la misma (Underwood y Suttle, 1999). La Mn-SOD es una metaloenzima que cataliza la dismutación del radical superóxido a peróxido de hidrogeno y oxigeno molecular (Fridovich, 1995). Debido a su localización mitocondrial, la Mn-SOD es la principal enzima destoxificante de ROS en la célula. Una alteración en la función o en la expresión de esta enzima puede tener consecuencias notables sobre la función mitocondrial y la salud general de la célula debido al daño oxidativo, favoreciendo el desarrollo de diferentes enfermedades (Oberley y Buettner, 1979; Miao y Clair, 2009).

Los antioxidantes producidos por las CC protegen a los ovocitos de los daños causados por las ROS. Una de las enzimas antioxidantes presentes en dichas células es la superóxido dismutasa. Recientemente, Matos y colaboradores (2009) asociaron el aumento de la actividad SOD en CC con un mejor resultado en la técnica de reproducción asistida en humanos. Estos autores observaron una mayor tasa de preñez cuando se emplearon ovocitos cuyas CC presentaban una actividad SOD mas alta. Posiblemente, la mejoría en la tasa de blastocistos observada con el agregado de Mn al medio de MIV estaría relacionada con el incremento en la actividad SOD de COC madurados en presencia de este micronutriente (ver 4.4.5).

Las CC juegan además, un papel importante en la regulación de la maduración nuclear y citoplasmática del ovocito (Tanghe y col., 2002) y en la protección del mismo contra la apoptosis inducida por estrés oxidativo (Tatemoto y col., 2000). La incidencia de apoptosis en las CC puede ser considerado un buen indicador de la capacidad de desarrollo posterior de los ovocitos (Lee y col., 2001; Ikeda y col., 2003; Corn y col., 2005; Yuan y col., 2005), debido a la comunicación bilateral que existe entre este y las CC a través de las uniones gap

(Anderson y Albertini, 1976; de Loos y col., 1991). Esta comunicación permite el correcto funcionamiento de ambos tipos celulares. Como consecuencia de esta dependencia mutua, cualquier proceso de apoptosis que sufran las CC impacta de manera directa en la propia célula germinal, es decir, un alto grado de apoptosis en las CC produce una disminución en la calidad de ovocito y en su capacidad para desarrollar hasta el estadio de blastocisto, así como también, en la calidad de los mismos (Corn y col., 2005). La disminución de la tasa de apoptosis en las CC con el agregado de Mn al medio de MIV (ver 4.4.3), sería otro posible mecanismo por el cual este mineral mejora la tasa de blastocistos y la calidad embrionaria. Aunque se ha sugerido una correlación entre la tasa de apoptosis en CC y la tasa de clivaje (Lee y col., 2001; Nakahara y col., 1997a,b), nuestros resultados indican lo contrario. Esto concuerda con lo reportado por Corn y col. (2005), quienes no observaron asociación entre ambas tasas.

La síntesis de GSH es un evento importante durante la maduración citoplasmática del ovocito (Eppig, 1996). La función de este tiol está relacionada principalmente con su propiedad antioxidante, la cual protege a la célula contra la actividad de las ROS. El GSH participa además en el trasporte de aminoácidos, la síntesis de ADN y proteínas, la activación enzimatica, la reducción de disulfuros y la formación del pronúcleo masculino luego de la fecundación (Perreault y col., 1988; Yoshida y col., 1992; Yoshida, 1993; Lafleur y col., 1994). Muchos autores han postulado que la concentración de GSH en ovocitos después de la MIV es un indicador del grado de maduración citoplasmática (Funahashi y col., 1994; de Matos y col., 1997; Abeydeera y col., 1998; Furnus y col., 1998; de Matos y Furnus, 2000) y que altas concentraciones de GSH luego de la MIV mejoran las tasas de desarrollo hasta el estadio de blastocisto y la calidad de los embriones aptos para ser criopreservados y luego transferidos (de Matos y col, 1996; Furnus y col. 2008). Como se describió en el capitulo anterior (ver 4.4.2), el agregado de Mn al medio de maduración incrementó la concentración intracelular de GSH-GSSG en el ovocito luego de la MIV. Este aumento en la reserva de GSH podría ser otro de los eventos que explicarían, al menos en parte, el aumento de la tasa de blastocisto obtenido con el agregado de Mn al medio de maduración. Esta idea se ve reforzada por el elevado coeficiente de asociación encontrado entre la concentración de GSH en el ovocito y la tasa de blastocisto (R^2= 0,99; p < 0,01).

En conclusión, los resultados de este estudio muestran que: 1) El agregado de Mn al medio de MIV incrementó la tasa de blastocistos; 2) La calidad de los embriones (expresada como blastómeras por embrión, velocidad de desarrollo y tasa de *hatching*) fue mejor cuando se agregó Mn al medio de MIV. Nuestros resultados sugieren que el aporte de Mn en concentraciones consideradas como "adecuadas" durante la maduración *in* vitro del ovocito, favorece el desarrollo embrionario temprano.

Capítulo 4

ROL DE LAS CÉLULAS DEL CÚMULUS COMO PUENTE METABÓLICO ENTRE EL MEDIO EXTERNO Y EL OVOCITO, CON DIFERENTES NIVELES EN EL APORTE DE MANGANESO DURANTE LA MIV

6.1 Introducción

La capacidad de desarrollo posterior del ovocito depende en gran medida del medio ambiente folicular que lo rodea, especialmente de las células de la granulosa (Sutton y col., 2003). Durante la maduración *in vitro*, los ovocitos de mamífero están rodeados por células foliculares a las que se encuentran unidos metabólicamente a través de uniones gap (Moor y col., 1980). Las células del cúmulus, altamente especializadas, poseen procesos citoplasmáticos transzonales (PTZ), que penetran a través de la zona pelúcida, y contactan con el oolema del ovocito (Sutton y col., 2003). Las uniones gap en los extremos de estos PTZ conectan a las CC entre sí y con el ovocito, interviniendo en el soporte metabólico del mismo, transportando moléculas de bajo peso molecular, iones y aminoácidos (Larsen y Wert, 1988; Larsen, 1989).

Por otra parte, Kim y colaboradores (1996) demostraron que si bien, la presencia de CC junto a ovocitos bovinos no era necesario para la maduración nuclear, ellas desempeñan un papel importante en la capacidad de los mismos para desarrollarse hasta la etapa de blastocisto. Es por ello que en la actualidad, la morfología del cúmulus es uno de los criterios más utilizados en la selección de los COC para la MIV. Características tales como, mayor número de capas de células y mayor grado de compactación, están directamente relacionados con mejores resultados en el desarrollo, comparados con ovocitos rodeados de un cúmulus comprometido u ovocitos desnudos (DO) (Shioya y col., 1988; Madison y col., 1992; Lonergan y col., 1994; Goud y col., 1998). Se ha comprobado además, la existencia de una relación positiva entre el número de CC en el cocultivo y la capacidad de desarrollo posterior de los ovocitos (Hashimoto y col., 1998).

Debido a la delicada relación existente entre el carácter esencial del Mn y su toxicidad, su homeostasis es vital para el óptimo funcionamiento de cualquier organismo. Durante las últimas dos décadas, varios de los mecanismos de ingreso del Mn a la célula han sido identificados, incluyendo el transporte activo (Murphy y col., 1991) y la difusión facilitada (Rabin y col., 1993; Aschner y Gannon, 1994). Más recientemente se ha observado que el Mn puede ingresar a la célula por transportadores con alta afinidad por los metales, como el calcio y el hierro. Entre ellos se encuentran el transportador de metales divalente (DMT1), el cual pertenece a la familia de las proteínas macrofágicas asociadas a la resistencia natural (NRAMP) (Gunshin y col., 1997; Garrick y col., 2003); el receptor de transferrina (Davidsson y col., 1989; Aschner y Gannon, 1994); los canales de Ca^{++} operados por depósitos intracelulares (Riccio y col., 2002) y regulados por voltaje (Lucaciu y col., 1997); los receptores ionotrópicos de glutamato asociados a canales de Ca^{++} (Kannurpatti y col., 2000) y los transportadores de la familia ZIP: principalmente ZIP8 (He y col., 2006) y ZIP14 (Himeno y col., 2009). Si bien, el conocimiento sobre la existencia de estos transportadores en el COC es todavía muy limitado, Ménézo y colaboradores (2011) han reportado recientemente la expresión de transportadores ZIP en COC humanos.

En consecuencia, se diseñaron una serie de experimentos con el fin estudiar el rol de las CC en el transporte de Mn entre el medio externo y el ovocito.

6.2 Material y métodos

6.2.1 Complejos Ovocitos-Cúmulus

Los ovarios de bovino obtenidos de frigorífico fueron transportados al laboratorio en solución fisiológica a 37 °C dentro de las 3 hs de realizada la extracción. Los ovarios fueron recolectados independientemente de la etapa del ciclo estral de las hembras y los COC fueron aspirados y seleccionados como se describe en 2.3. Las repeticiones de cada experimento (n= 4) se realizaron en días diferentes y en cada día se obtuvieron 300 COC, utilizando 50 COC por tratamiento.

6.2.2 Maduración *in vitro*

Los DO se obtuvieron a partir de ovocitos con el cúmulus completo, que por pipeteo fueron separados de las células que los rodean. Luego los DO se lavaron en medio TCM-199 con 15 mM de HEPES y 10% (v/v) de SFB y dos veces en el medio de MIV. Grupos de 10 COC o de 10 DO fueron transferidos a microgotas de 50 μL de medio MIV bajo aceite mineral (Squibb, Princeton, NJ) equilibrado previamente en una incubadora de CO_2. Los COC y los DO fueron cultivados a 39 °C en 5% de CO_2 y humedad a saturación por 24 hs.

6.2.3 Cocultivo de CC

Las monocapas de CC fueron preparadas a partir de COC obtenidos por aspiración folicular como se describió anteriormente (2.3). Los ovocitos se separaron de las CC en medio de MIV con pipeta de punta fina. Luego, los ovocitos fueron descartados y las células se pipetearon vigorosamente para permitir su separación. De la suspensión de CC se tomó una muestra, se determinó la concentración con una cámara hemocitométrica y se diluyó en medio de MIV hasta obtener una concentración final de 1 x 10^6 CC/ml. Para cada cocultivo se sembró 0,5 ml de esta suspensión de CC bajo aceite mineral. El medio de cultivo se renovó cada 48 horas hasta lograr el 70-80% de confluencia, que se obtuvo dentro de los 4-5 días posteriores al inicio del cocultivo. El porcentaje de células vivas, establecido con un colorante vital, fue mayor al 80% al comienzo del cultivo.

6.2.4 Fertilización *in vitro* y Cultivo *in vitro*

Los medios y el procedimiento utilizados para la FIV y la CIV corresponden a los descriptos previamente (2.4 y 2.5 respectivamente).

6.2.5 Número de células de blastocistos a Día 8

Los blastocistos de Día 8 se fijaron en formaldeído al 4% luego de haber sido lavados 3 veces en PBS con 1% de PVP. Los embriones se incubaron con Triton X-100 al 1%, se colorearon con Hoecht 33342 (2.6) y se montaron con glicerol entre portaobjeto y cubreobjeto. El número total de células de los blastocistos (a Día 8, Grado 1) se determinó contando el numero de núcleos con un microscopio de epifluorescencia a 40 X y con filtro de exitación de 365-nm, filtro de barrido de 400-nm y un filtro de emisión de 400-nm.

6.2.6 Análisis estadístico

Se utilizó un diseño experimental completamente aleatorio en bloque con un arreglo 2 X 3 factorial. El análisis estadístico de las variables binomiales (tasa de clivaje y tasa de blastocistos) se realizó mediante una regresión logística con el procedimiento GENMOD de

SAS 9.0 (SAS Inst. Inc.). Se utilizó una distribución Binomial y un enlace Logit. El modelo logístico incluyó los efectos del bloque (4), del Mn (Control vs. Mn3), de la forma de maduración (COC vs. DO + CC vs. DO) y la interacción (Mn por forma de maduración). El conteo de células por blastocisto se analizó con el procedimiento GENMOD de SAS 9.0 (SAS Inst. Inc.). Se utilizó una distribución Poisson y un enlace Log. El modelo de regresión Poisson incluyó los efectos descriptos anteriormente. Se consideraron efectos significativos a las $p < 0{,}05$ y tendencias a las $p < 0{,}10$ y $p > 0{,}05$. En el caso de la interacción se consideró significativa a la $p < 0{,}10$. Los resultados de las tasas se expresan como porcentaje (%), mientras que el número de células por embrión lo hacen como el promedio ± ESM.

6.3 Diseño experimental

6.3.1 Efecto de las CC durante la MIV, en presencia de Mn, sobre la capacidad de desarrollo posterior hasta el estadio de blastocisto

En el Experimento 9, los ovocitos se maduraron *in vitro* en tres formas diferentes: complejos ovocitos-cúmulus (400 COC), cocultivo de ovocitos desnudos junto a monocapas de CC (400 DO + CC) y ovocitos desnudos (400 DO). En cada forma de maduración, los ovocitos se dividieron en 2 grupos correspondientes a los tratamientos sin Mn (medio Control) y con Mn (Mn3: 6,3 ng/ml). Los ovocitos fueron colectados en cuatro días diferentes (n= 4 repeticiones) y en cada repetición los ovocitos se repartieron en los siguientes grupos: 50 COC Control; 50 COC Mn; 50 DO + CC Control; 50 DO + CC Mn; 50 DO Control y 50 DO Mn. Luego de la MIV, los ovocitos fueron fertilizados in vitro y cultivados hasta el estadio de blastocisto como se describe en 2.4 y 2.5 respectivamente. La tasa de clivaje se evaluó 48 horas post-FIV. La tasa de desarrollo hasta blastocisto se evaluó el Día 8 del cultivo e incluyó a los embriones que alcanzaron la etapa de blastocisto expandido y eclosionado.

6.3.2 Efecto de las CC durante la MIV, en presencia de Mn, sobre el número de células de blastocistos a Día 8

En el Experimento 10, se analizó el efecto de las CC durante la MIV, en presencia de Mn, sobre el número de células por blastocisto al Día 8 de cultivo. El número de células se evaluó sobre un total de 72 embriones (en 3 repeticiones independientes) obtenidos en el Experimento 9.

6.4 Resultados

6.4.1 Efecto de las CC durante la MIV, en presencia de Mn, sobre la capacidad de desarrollo posterior hasta el estadio de blastocisto

En el Experimento 9, no existió interacción entre el efecto del Mn y la forma de maduración (COC, DO + CC y DO). La tasa de clivaje fue menor cuando los ovocitos se maduraron en ausencia de células del cúmulus (DO) (Control: 52,9% y Mn3: 55,1%; $p < 0,01$) mientras que, no hubo diferencia entre los ovocitos madurados con el cúmulus completo (COC) y aquellos madurados en cocultivo con CC (DO + CC) (COC Control: 68,8%, COC Mn3: 73,2%; DO + CC Control: 67,1%; DO + CC Mn3: 70,8%) (Figura 9 A). El agregado de Mn al medio de maduración no tuvo ningún efecto sobre la tasa de clivaje de ovocitos madurados en presencia o ausencia de células del cúmulus (COC, DO + CC y DO) (Figura 9 C). Los COC alcanzaron el porcentaje más alto de desarrollo hasta el estadio de blastocisto (Control: 22,3 % y Mn3: 35%; $p < 0,01$), los ovocitos desnudos en cocultivo con CC alcanzaron una tasa menor de blastocistos comparado con los madurados con cúmulus completo (Control: 15,8 % y Mn3: 25,7 %; p < 0,01) mientras que, el porcentaje más bajo de blastocistos se obtuvo a partir de ovocitos desnudos (DO) (Control: 6 % y Mn3: 12,8 %; p<0,01) (Figura 9 B). Además, el agregado de Mn al medio de MIV aumentó significativamente la tasa de blastocistos obtenidos en presencia o ausencia del cúmulus (p< 0,01) (Figura 9 D).

6.4.2 Efecto de las CC durante la MIV, en presencia de Mn, sobre el número de células de blastocistos a Día 8

En este Experimento (10), se observó interacción entre la forma de maduración y la disponibilidad de Mn (Control y Mn3; p < 0,01). El agregado de Mn al medio de MIV solo aumentó el número de células por blastocisto cuando los ovocitos fueron madurados con su cúmulus intacto (COC Control: 121,83 ± 1,57; COC Mn3: 134,08 ± 1,57; p < 0,01). El agregado de Mn al medio de MIV no modificó el número de células por blastocito en DO y DO + CC (DO Control: 94,05 ± 1,57; DO Mn3: 94,91 ± 1,57; DO + CC Control: 107,50 ± 1,57; DO + CC Mn3: 108,17 ± 1,57) (Figura 10).

FIGURA 9. Efecto de la presencia o ausencia del cúmulus oophorus sobre el desarrollo posterior hasta el estadio de blastocisto de ovocitos bovinos madurados *in vitro* con y sin manganeso.

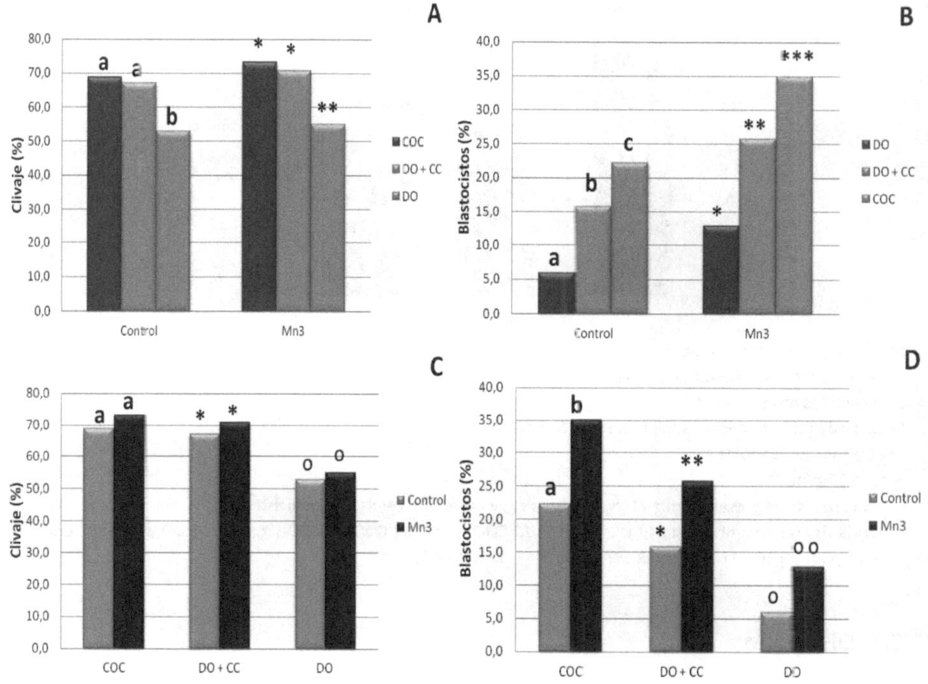

COC= complejo ovocito cúmulus

DO + CC= ovocitos desnudos + monocapa de CC

DO= ovocitos desnudos

(a, b y c) indican diferencias significativas ($p < 0,01$).

(*, ** y ***) indican diferencias significativas ($p < 0,01$).

(O y OO) indican diferencias significativas ($p < 0,01$).

Control: sin agregado de Mn

Mn3: 6,3 ng/m Mn

Efecto de la presencia o ausencia de las células del cúmulus sobre la tasa de clivaje (A) y la tasa de blastocisto (B) con o sin Mn. Efecto del agregado de Mn durante la MIV sobre la tasa de clivaje (C) y la tasa de blastocisto (D) en presencia o ausencia de CC. Se maduraron un total de 1200 ovocitos repartidos en 4 repeticiones. En cada repetición se maduraron 100 COC (Control: 50 COC y Mn3: 50 COC); 100 DO (Control: 50 DO y Mn3: 50 DO) y 100 DO para cocultivo (Control: 50 DO + CC y Mn3: 50 DO + CC).

FIGURA 10. Efecto de la presencia o ausencia del cúmulus oophorus sobre el número de células por blastocisto de ovocitos bovinos madurados *in vitro* con y sin manganeso.

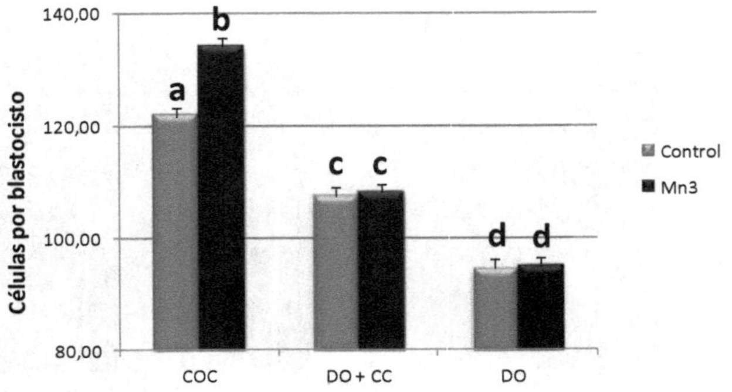

COC= complejo ovocito cúmulus
DO + CC= ovocitos desnudos + monocapa de CC
DO= ovocitos desnudos
(a, b, c y d) indican diferencias significativas ($p < 0,01$).
Control: sin agregado de Mn
Mn3: 6,3 ng/ml Mn
Los valores se expresan como el promedio del número de células/ blastocisto ± ESM. Se utilizaron 72 blastocistos en 3 repeticiones; 24 COC (Control: 12 COC y Mn3: 12 COC); 24 DO (Control: 12 DO y Mn3: 12 DO) y 24 DO para cocultivo (Control: 12 DO + CC y Mn3: 12 DO + CC).

6.5 Discusión

Dentro del folículo, el ovocito se encuentra rodeado por células de la granulosa que durante el proceso de foliculogénesis se diferencian en células murales y CC (Edson y col., 2009). Estas células se encuentran íntimamente relacionadas con el ovocito y están encargadas de proporcionarle nutrientes, factores involucrados en la maduración y un microambiente adecuado que asegure la adquisición de la capacidad de desarrollo posterior (Eppig, 1991; Pangas y Matzuk, 2005; Gilchrist y col., 2008). Las CC, poseen uniones gap ubicadas en los extremos de los PTZ que las conectan al ovocito creando de esta manera un soporte metabólico del mismo, transportando moléculas de bajo peso molecular, iones y aminoácidos (Larsen y Wert, 1988; Larsen, 1989; Tanghe y col., 2002). Además, estas uniones participan en la regulación meiótica de los ovocitos al permitir el paso de pequeñas moléculas reguladoras, tales como AMPc y purinas (Dekel y Beers, 1980; Salustri y Siracusa, 1983; Eppig y Downs, 1984; Racowsky, 1985; Racowsky y Satterlie, 1985).

La interrupción prematura de esta comunicación altera la capacidad de desarrollo posterior del ovocito (Modina y col., 2001). La inhibición de las uniones gap afecta considerablemente la maduración citoplasmática de los ovocitos bovinos y por lo tanto, la tasa de blastocistos obtenidos *in vitro* (Ali y col., 2005). Esto es debido, probablemente, a la falta de transferencia de señales moleculares específicas que coordinan la maduración final de los mismos (Gilchrist y col., 2004, Lodde y col., 2007).

La tasa de blastocistos aumentó cuando la MIV se realizó en presencia de CC, alcanzando la tasa más alta aquellos ovocitos madurados con su cúmulus intacto (COC). Esto concuerda con lo descrito por diversos autores, quienes observaron que la eliminación de las CC antes de la MIV deteriora la maduración de los ovocitos en diferentes especies (Eppig, 1991; Grazul-Bilska y col., 1997; Vozzi y col., 2001; Tanghe y col., 2002; Gilchrist y col., 2004; Assidi y col, 2008) y que el cocultivo de los ovocitos desnudos, con complejos ovocito-cúmulus o con CC, restaura parcialmente el potencial de desarrollo de los ovocitos sin cúmulus (de Matos y col., 1997; Mori y col., 2000; Fatehi y col., 2002; Matzuk y col., 2002; Tanghe y col., 2002; Wongsrikeao y col., 2005). Esta mejoría podría explicarse por el tipo de comunicación que existe entre las CC y el ovocito, la cual implica además de las uniones gap, la participación de diversos factores parácrinos de señalización (Gilchrist y col., 2004). La acción mejoradora de la presencia de estas células en ovocitos desnudos de bovino y de ratón se pone en evidencia a través de la producción de factores difusibles durante la maduración (Luciano y col., 2005; Ge y col., 2008). Por otro lado, nuestros resultados muestran que la adición de Mn al medio de MIV solo mejoró la calidad de los embriones (expresada como blastómeras por embrión) cuando los ovocitos se maduraron con su cúmulus intacto. Esto remarcaría la importancia de la comunicación bilateral entre el ovocito y las CC a través de las uniones gap, en el mejoramiento de la calidad embrionaria alcanzado con el agregado de Mn.

El Mn es absorbido desde la luz intestinal en su estado divalente (Mn^{+2}) (Keen y col., 2009). Dentro del plasma, el Mn^{+2} puede permanecer en su forma libre o unirse a α_2-macroglubulina y/o albúmina (Aisen y col., 1969; Keen y col., 2009). Una pequeña fracción de Mn en estado libre es oxidada por la ceruloplasmina a Mn^{+3} que a su vez se une a transferrina (Forrest, 1993). En la actualidad, el conocimiento acerca del mecanismo por el cual el Mn ingresa a los tejidos, es aún limitado (Keen y col., 2009). Hasta el momento, se identificaron dos mecanismos de ingreso del Mn que incluyen el transporte activo (Murphy y col., 1991) y la difusión facilitada (Rabin y col., 1993; Aschner y Gannon, 1994). Recientemente se ha observado que el Mn puede ingresar a la célula por diversos mecanismos moleculares, como el transportador de metales divalente (DMT1) (Gunshin y col., 1997; Garrick y col., 2003), el receptor de transferrina (Davidsson y col., 1989; Aschner y Gannon, 1994), los canales de Ca^{++} (Lucaciu y col., 1997; Riccio y col., 2002), los receptores ionotrópicos de glutamato (Kannurpatti y col., 2000) y dos transportadores de la familia ZIP: la proteína ZIP8 (He y col, 2006) y ZIP14 (Himeno y col., 2009). Si bien, la contribución relativa de cada uno de estos transportadores permanece desconocida, se cree que la concentración tisular óptima de Mn es mantenida por acción de todos ellos (Au y col., 2008).

El agregado de Mn durante la MIV aumentó la tasa de blastocisto independientemente de la presencia de CC, lo que remarcaría la importancia de este mineral en el metabolismo del ovocito. Actualmente, el conocimiento acerca del mecanismo por el cual el Mn ingresa al COC es aun limitado, al igual que la información sobre los transportadores de este metal presentes en ovocitos y CC. Recientemente, Ménézo y colaboradores (2011) observaron la expresión de transportadores ZIP en COC humanos. Estos autores reportaron la expresión de ZIP14 y ZIP8 en CC, y una expresión mucho más fuerte de ZIP14 en el ovocito. El efecto beneficioso del Mn sobre la tasa de blastocisto tanto en presencia como en ausencia de las CC, sugiere la posible existencia de transportadores de Mn en el ovocito. Considerando lo reportado por Ménézo y col. (2011), la proteína ZIP14 podría ser uno de los transportadores involucrados en el ingreso de Mn al ovocito.

Los resultados de este estudio muestran que: 1) La tasa de blastocisto aumentó cuando la MIV se realizó en presencia de CC, alcanzando la tasa más alta con aquellos ovocitos madurados con su cúmulus intacto; 2) El agregado de Mn durante la MIV mejoró la tasa de blastocistos independientemente de la presencia de CC; 3) El agregado de Mn al medio de MIV solo mejoró la calidad de los embriones (expresada como blastómeras por embrión) cuando los ovocitos se maduraron con el cúmulus intacto. En conclusión, la comunicación bilateral entre el ovocito y las CC a través de las uniones gap jugaría un rol importante en el mejoramiento de la calidad embrionaria provocado por el agregado de Mn al medio de MIV, mientras que el efecto beneficioso de este mineral sobre la tasa de blastocisto tanto en presencia como en ausencia de las CC, sugiere la posible existencia de transportadores de Mn en el ovocito.

Conclusiones finales

Efecto de distintas concentraciones de Mn sobre la maduración de los ovocitos bovinos.

- El agregado de Mn al medio de MIV no modificó el área de expansión del cúmulus luego de la maduración.
- El agregado de Mn al medio de maduración incrementó la concentración intracelular de GSH-GSSG en el ovocito y las CC.
- La tasa de apoptosis disminuyó en las CC de COC madurados *in vitro* con el agregado de Mn a medida que aumentó la concentración de este mineral en el medio de MIV.
- El agregado de Mn al medio de maduración disminuyó el daño en el ADN de las CC durante la MIV, evidenciando un efecto "protector" de este mineral contra el daño en dicha molécula.
- La actividad SOD en los COC aumentó cuando fueron madurados con Mn.

Efecto de distintas concentraciones de Mn sobre la capacidad de desarrollo posterior hasta el estadio preimplantacional de blastocisto.

- La tasa de clivaje no se vio modificada con ninguna de las concentraciones de Mn utilizadas.
- El agregado de Mn al medio de MIV incrementó la tasa de blastocistos.
- La calidad de los embriones (expresada como blastómeras por embrión, velocidad de desarrollo y tasa *hatching*) fue mejor cuando se agregó Mn al medio de MIV.

Rol de las células del cúmulus como puente metabólico entre el medio externo y el ovocito, con diferentes niveles en el aporte de Mn durante la MIV.

- ❖ La tasa de blastocisto aumentó cuando la MIV se realizó en presencia de CC, alcanzando la tasa más alta con aquellos ovocitos madurados con su cúmulus intacto (COC).
- ❖ El agregado de Mn al medio de MIV solo mejoró la calidad de los embriones (expresada como blastómeras por embrión) cuando los ovocitos se maduraron con el cúmulus intacto.
- ❖ El agregado de Mn durante la MIV mejoró la tasa de blastocisto independientemente de la presencia de CC.

En consecuencia, todas las evidencias obtenidas sugieren que el Mn actuaría como un factor importante durante la maduración del ovocito bovino favoreciendo el desarrollo embrionario temprano. Esta evidencias sugieren además, la posible existencia de transportadores de Mn en el ovocito.

Anexos

7.1 Medios y soluciones

7.1.1 Soluciones Stock para la preparación de medios de cultivo

Stock H (250 mM HEPES)

Hepes ácido	15,00 g
Hepes sódico	16,25 g
Rojo fenol	50 mg
Agua destilada	500 ml
pH	7,4 – 7,5
Osmolaridad	384 mOsm
Esterilizar por filtración (0,22 µm) y guardar a 4°C. Preparar cada 30 días.	

Stock 2 X TCM199

Disolver 1 sobre de TCM199 (Medio de cultivo 199) en 500 ml de H2O destilada para obtener una solución 2X y agregar:	
Sulfato de kanamicina	50 mg
Penicilina G	59 mg
Estreptomicina	100 mg
Rojo fenol	20 mg
Esterilizar por filtración (0,22 µm) y guardar a 4°C. Preparar cada semana.	

Stock S2

NaCl	6,294 g
KCl	0,534 g
KH2PO4	0,162 g
Penicilina	0,060 g

Estreptomicina	0,050 g
Agua destilada	100 ml
Esterilizar por filtración (0,22 µm) y guardar a 4°C. Preparar cada 3 meses.	

Stock TL 10X

NaCl	6,662 g
KCl	0,238 g
NaH2PO4.2H2O	0,062 g
Penicilina	0,060 g
Agua destilada	100 ml
Osmolaridad (Solución 1X)	235 mOsm
Esterilizar por filtración (0,22 µm) y guardar a 4°C. Preparar cada 3 meses.	

Stock 10 X

NaCl	4,675 g
KCl	0,230 g
NaH2PO4.2H2O	0,045 g
Penicilina	0,060 g
Hepes ácido	1,192 g
Hepes sódico	1,302 g
Lactato de sodio	3,680 ml
Agua destilada	100 ml
pH	7,3
Esterilizar por filtración (0,22 µm) y guardar a 4°C. Preparar cada 3 meses.	

Stock de Heparina (10 mg/ml de Heparina)

Heparina (sulfato)	20 mg
Solución salina (0,9%) estéril	2 ml
No filtrar y guardar a 4°C. Preparar cada semana.	

Stock de Hipotaurina

Hipotaurina	2,182 g
Agua destilada	10 ml
Esterilizar por filtración (0,22 μm) y guardar a 4°C. Preparar cada semana.	

SPAD 100 X

Cl2Ca.2H20	0,3080 g
ClMg.7H20 (Solución 4M)	0,0915 μl
Agua destilada	10 ml
Osmolaridad (Solución 50X)	369,15 mOsm
Esterilizar por filtración (0,22μm) y guardar a 4°C. Preparar cada 3 meses.	

H-199 (Hepes-199: TCM 199 con 15 mM de HEPES y 5 mM de Bicarbonato de sodio)

2 X TCM199	300 ml
Hepes ácido	1,44 g
Hepes sódico	1,56 g
Bicarbinato de sodio	0,25 g
Agua destilada	600 ml

Osmolaridad	280 mOsm
Esterilizar por filtración (0,22 µm) y guardar a 4°C. Preparar cada semana	

Bi-199 (Bicarbonato 199: TCM 199 con bicarbonato)

2X TCM199	50 ml
NaHCO3	0,2101 g
Piruvato de sodio	2,16 mg
Agua destilada	100 ml
Osmolaridad ajustar a 280 mOsm con agua ultrapura.	
Esterilizar por filtración (0,22 µm) y guardar a 4°C. Preparar cada semana.	

Stock sulfato de Manganeso ($MnSO_4$)

Solución Trabajo:

Estándar de Mn 1000 ppm Merck, Japón Cat. 25824-2B	10 µl
Agua destilada	9,99 ml

Agregar 10µl, 20µl y 30µl de la solución Trabajo a 5 ml del medio de maduración para obtener una concentración final de 2 ng/ml; 4 ng/ml y 6ng/ml de Mn respectivamente.

7.1.2 Medios de cultivo

Solución Fisiológica para el mantenimiento de los ovarios

NaCl	9 g
Penicilina	59 mg
Estreptomicina	100 mg
Kanamicina	50 mg

Agua destilada	1000 ml
Esterilizar por filtración (0,22 µm) y guardar a 4°C	

Medio de aspiración de ovocitos

PBS (Solución buffer fosfato)	100 ml
Stock de heparina	0,5 ml
SFB (Suero Fetal Bovino)	1 ml
Penicilina	5,9 mg
Estreptomicina	10 mg
Kanamicina	5 mg
Esterilizar por filtración (0,22 µm) y guardar a 4°C. Preparar cada semana.	

Medio de mantenimiento de ovocitos

SFB (Suero Fetal Bovino)	10 ml
H-199	90 ml
Esterilizar por filtración (0,22µm) y guardar a 4°C. Preparar cada semana.	

Medio para lavado de las gametas (HEPES-TALP)

10 X TL	10 ml
NaHCO3	6,8 mg
Stock H	6 ml
CaCl2	30 mg
MgCl2.6H2O (4M)	12,3 µl
Lactato de sodio	141 µl
Piruvato de sodio	88 mg

MEM-neaas (aminoácidos no esenciales)	1 ml
BME-eaas (aminoácidos esenciales)	2 ml
ASB-FAF (Albúmina bovina sérica libre de ácidos grasos	300 mg
Agua destilada	100 ml
Osmolaridad	270-290 mOsm
pH	7,4
Esterilizar por filtración (0,22 µm) y guardar a 4°C. Preparar cada 2 semanas.	

Medio para lavado de embriones (HEPES-SOF)

Stock S2	11 ml
NaHCO3	16,8 mg
Stock H	6 ml
Piruvato de sodio	3,6 mg
Cl2Ca	25,2 mg
MgCl2.6H20	10 mg
Lactato de sodio (60%)	0,047 ml
Glucosa	10,8 mg
BME-eaas	2 ml
MEM-neaas	1 ml
ASB-FAF	300 mg
Agua destilada	100 ml
Osmolaridad	270-285 mOsm
pH	7,4
Esterilizar por filtración (0,22 µm) y guardar a 4°C Preparar cada 2 semanas	

Medio de maduración *in vitro*

Preparar 1C ml (Volumen final) en el momento de utilizar	
Bi-199	9,5 ml
SFB	0,5 ml
Stock LH	10 µg (1µg/ml, Lutropin-V)
Stock FSH	1 µg (100 ng/ml, Folltropin-V)

Soluciones de Percoll para separación de espermatozoides

SPTL 1 X

SPTL 10 X	2,5 ml
SPAD	0,2 ml
Agua estéril	17,3 ml
Osmolaridad	280-300 mOsm
pH	7,3

PERCOLL 90%

Para 30 ml:	
Percoll	26,5 ml
SPTL 10 X	2,95 ml
SPAD 100 X	0,295 ml
NaHCO3	6,2 mg
Osmolaridad	280-300 mOsm
pH	7,3

PERCOLL 45%

Percoll 90%	2 ml
SPTL 1 X	2 ml

Medio para fecundación *in vitro* (Fert-TALP, Parrish y col., 1986).

TL 10 X	5 ml
$NaHCO_3$	0,101 mg
$CaCl_2.6H_2O$	15 mg
$MgCl_2.6H_2O$ (4M)	6,15 µl
Lactato de sodio	70,5 µl
Piruvato de sodio	1,44 ml
MEM-neaas	0,5 ml
BME-eaas	1 ml
ASB-FAF	300 mg
Agua destilada	50 ml
Osmolaridad	280-300 mOsm
Esterilizar por filtración (0,22 µm) y guardar a 4°C. Preparar cada 2 semanas	

En el día de la fecundación:

Fert-TALP	9,9 ml
Stock penicilamina	50 µl
Stock hipotaurina	50 µl
Stock heparina	10 µl

Medio para cultivo de embriones *in vitro* (SOFm, Tervit y col., 1972; Gardner y col., 1994)

Stock S2	2 ml
$NaHCO_3$	42 mg
Piruvato de sodio	0,72 ml
$MgCl_2.6H_2O$ (4M)	2,46 µl
$CaCl_2.2H_2O$	5,04 mg
Lactato de sodio	9,40 µl
Glucosa*	5,4 mg
Glutamina	2,92 ml
MEM-neaas	0,2 ml
BME-eaas	0,4 ml
ASB-FAF	160 mg
Agua destilada	20 ml
pH	7,2-7,4 (en atmósfera gaseada)
Osmolaridad	265-275 mOsm
Esterilizar por filtración (0,22 µm) y guardar a 4°C. Preparar cada semana	

*La glucosa fué reemplazada por agua destilada para preparar el medio SOFm utilizado el primer día de cultivo.

Bibliografía

Abeydeera LR. In vitro production of embryos in swine. Theriogenology 2002; 57 (1): 256-273.

Abeydeera LR, Day BN. Fertilization and subsequent development in vitro of pig oocytes inseminated in a modified trisbuffered medium with frozen-thawed ejaculated spermatozoa. Biol Reprod. 1997; 57: 729 -734.

Abeydeera LR, Wang W-H, Cantley TC, Prather RS, Day BN. Glutathione content and embryo development after in vitro fertilization of pig oocytes matured in the presence of a thiol compound and various concentrations of cysteine. Zygote. 1999; 7: 203–210.

Abeydeera LR, Wang W-H, Cantley TC, Rieke A, Day BN. Coculture with follicular shell pieces can enhance the developmental competence of pig oocytes after in vitro fertilization: Relevance to intracellular glutathione. Biology of Reproduction. 1998; 58: 213-218.

Aerts JMJ, Bols PEJ. Ovarian Follicular Dynamics: A Review with Emphasis on the Bovine Species. Part I: Folliculogenesis and Pre-antral Follicle Development. Reprod Dom Anim. 2010; 45: 171 – 179.

Aisen P, Aasa R, Redfield AG., The chromium, manganese, and cobalt complexes of transferrin. J. Biol. Chem. 1969; 244: 4628–4633.

Ali A, Paradis F, Vigneault C & Sirard M-A. The potential role of gap junction communication between cumulus cells and bovine oocytes during in vitro maturation. Molecular Reproduction and Development. 2005; 71: 358–367.

Allison AC, Hartree EF. Lysosomal enzymes in the acrosome and their possible role in fertilization. J Reprod Ferti. 1970; 21:501-515.

Alm H, Torner S, Blottern G, Kanitz W. Effect of sperm cryopreservation and treatment with calcium ionophore or heparin on in vitro fertilization of horse oocytes. Theriogenology. 2001; 56: 817-829.

Alvarez JG, Storey BT. Taurine, hypotaurine, epinephrine and albumin inhibit lipid peroxidation in rabbit spermatozoa and protect against loss of motility. Biol Reprod. 1983; 29 (3): 548-55.

Anderson E, Albertini DF. Gap junctions between the oocyte and companion follicle cells in the mammalian ovary. J Cell Biol. 1976; 71: 680–686.

Anderson E, Wilkinson R, Lee G, Meller S. A correlative microscopical analysis of differentiating ovarian follicles of mammals. J Mophol. 1978; 156: 339-366.

Anderson R, Fa¨ssler R, Georges-Labouesse E, Hynes RO, Bader BL, Kreidberg JA, Schaible K, Heasman J, Wylie C. Mouse primordial germ cells lacking _1 integrins enter the germline but fail to migrate normally to the gonads. Development. 1999; 126:1655–1664

Ara T, Nakamura Y, Egawa T, Sugiyama T, Abe K, Kishimoto T, Matsui Y, Nagasawa T. Impaired colonization of the gonads by primordial germ cells in mice lacking a chemochine, stromal cell.derived factor-1 (SDF-1). Proc. Natl. Acad. Sci. U. S. A. 2003; 100: 5319–5323.

Archibald, Fridovich. The scavenging of superoxide radical by manganous complexes: in vitro. Arch. Biochem. Biophys. 1982; 214: 452 ± 463

Armstrong JS, Steinauer KK, Hornung B, Irish JM, Lecane P, Birrell GW, Peehl DM, Knox SJ. Role of glutathione depletion and reactive oxygen species generation in apoptotic signaling in a human B lymphoma cell line. Cell Death Differ 2002; 9: 252–263.

Arshad HM, Ahmad N, Zia-ur-Rahman, Samad HA, Akhtar N, Ali S. Studies on some biochemical constituents of ovarian follicular fluid and peripheral blood in buffaloes. Pakistan Vet. J. 2005; 25(4): 189- 193.

Aruoma OI, Halliwell B, Hoey BM, Butler J. The antioxidant action of taurine, hypotaurine and their metabolic precursors. Biochem J. 1988; 256 (1): 251-255.

Aschner M, Gannon M. Manganese (Mn) transport across the rat blood–brain barrier: saturable and transferrin-dependent transport mechanisms. Brain Res Bull. 1994; 33(3) 345–9.

Ashworth CJ, Antipatis C. Micronutrient programming of development throughout gestation. Reproduction. 2001, 122 (4): 527-535.

Assidi M, Dufort I, Ali A, Hamel M, Algriany O, Dielemann S, Sirard MA. Identification of Potential Markers of Oocyte Competence Expressed in Bovine Cumulus Cells Matured with Follicle-Stimulating Hormone and/or Phorbol Myristate Acetate In Vitro. Biol Reprod. 2008; 79(2): 209-22.

Au C, Benedetto A, Aschner M. Manganese transport in eukaryotes: The role of DMT1. NeuroToxicology. 2008; 29: 569–576

Austin CR . Observations on the penetration of the sperm into the mammalian egg. Aust J Sci Res [B]. 1951; 4: 581-596.

Baccetti B. Evolutionary trends in sperm structure. Comp Biochem Physiol. 1986; 85 A: 29-36.

Bagavandoss P, Midgley AR, Wicha M. Developmental changes in the ovarian follicular basal lamina detected by immunofluorescence and electron microscopy. J. Histochem. Cytochem. 1983; 31: 633-640.

Baker T. Oogenesis and ovarian development. En: Balin H, Glasser S Reproductive Biology. Experta Medica, Amsterdam, 1972, p. 398-457.

Baker T. Oogenesis and ovulation. En: Austin C, Short R Reproductive in mammals Vol 1. Cambridge University Press, Cambridge. 1982; p. 17-45.

Baly DL, Keen CL, Hurley AS. Pyruvate Carboxylase and Phosphoenolpyruvate Carboxykinase Activity in Developing Rats: Effect of Manganese Deficiency. J. Nutr. 1985; 115: 872-879

Bansal AK, Kaur AR. Cooperative functions of manganese and thiol redox system against oxidative stress in human spermatozoa. J Hum Reprod Sci. 2009; 2(2): 76-80.

Bavister BD, Yanagimachi R, Teichman RJ. Capacitation of hamster spermatozoa with adrenal gland extracts. Biol Reprod. 1976; 14 (2): 219-21.

Bedford JM, Cooper GW. Membrane fusion event in fertilization of vertebrate eggs. En: Poste G, Nicolson GL Membrane Surface Reviews (Membrane Fusion). Vol 5. North-Holland, Amsterdam. 1978; 65-125.

Bedford JM, Hoshins DD. The mammalian spermatozoa: morphology, biochemistry and physiology. En: Mashall´s Physiology of Reproduction. Vol 2. Ed Lamming GE. Churchil Livingston, Edinburgh, 1990, p. 379-388.

Belenguer P, Caizerguues-Ferrer M, Labbe JC, Doreé M, Amalric F. Mitosis-specific phosphorilation of nucleolin by p34cdc2 protein kinase. Mol Cell Biol. 1990; 10: 3607-3618.

Benoff S, Hurley IR, Mandel FS, Paine T, Jacob A, Cooper GW, Hershlag A. Use of mannose ligands in IVF screens to mimic zona pellucida-induced acrosome reactions and predict fertilization success. Mol. Hum. Reprod. 1997; 3: 389–846.

Bentley OG y Phillips PH. The effect of low manganese rations upon dairy cattle. Journal of Dairy Science. 1951; 34, 396–403.

Ben-Yosef D, Shalgi R. Early ionic events in activation of the mammalian egg. Rev Reprod. 1998; 3 (2): 96 - 103.

Berger T, Turner KO, Meizel S, Hedrick JL. Zona pellucida-induced acrosome reaction in boar sperm. Biol Reprod. 1989; 40(3):525-30.

Bi M, Hickox JR, Winfrey VP, Olson GE, Hardy DM. Processing, localization and binding activity of zonadhesin suggest a function in sperm adhesion to the zona pellucida during exocytosis of the acrosome. Biochem. J. 2003; 375, 477–488.

Biggers JD, Borland RM. Physiological aspects of growth and development of the pre-implantation mammalian embryo. Ann. Rev. Physiol. 1976; 38:95-119.

Biggers JD, Stern S. Metabolism of the preimplantation mammalian embryo.. Adv. Reprod. Physiol. 1973; 6: 1-59.

Black JL, Erickson BH. Oogenesis and ovarian development in the prenatal pig. Anat Rec. 1968; 161: 45-56.

Blandau R. Growth of the ovarian follicle and ovulation. Prog Gynecol. 1970; 5: 58-76.

Bleil JD, Greve JM, Wassarman PM. Identification of a secondary sperm receptor in the mouse egg zona pellucida: Role in maintenance of binding of acrosome-reaction sperm to eggs. Dev. Biol. 1988; 128: 376-385.

Bleil JD, Wassarman PM. Mammalian sperm-egg interaction: Identification of a glycoprotein in mouse egg zonae pellucidae possessing receptor activity for sperm. Cell. 1980; 20: 873-882.

Bleil JD, Wassarman PM. Autoradiographic visualization of the mouse egg's sperm receptor bound to sperm. J. Cell Biol. 1986; 102: 1363- 1371.

Boatman DE, Robbins RS. Bicarbonate: carbon-dioxide regulation of sperm capacitation, hyperactivated motility, and acrosome reactions. Biol Reprod. 1991; 44 (5): 806-813.

Bols PE. Puncture of immature ovarian follicles in bovine assisted reproduction. Verh K Acad Geneeskd Belg. 2005; 67 (3): 177 - 202.

Bonnet A, Dalbie`s-Tran R, Sirard MA. Opportunities and challenges in applying genomics to thestudy of oogenesis and folliculogenesis in farm animals Reproduction. 2008; 135: 119–128.

Brackett RG, Bousquet D, Boice ML, Donawick WJ, Evans JF, Dressel MA. Normal development following in vitro fertilization in the cow. Biol Reprod. 1982; 27: 147-158.

Brad AM, Bormann CL, Swain JE, Durkin RE, Johnson AE, Clifford AL, Krisher RL. Glutathione and adenosine triphosphate content of in vivo and in vitro matured porcine oocytes. Mol Reprod Dev. 2003; 64 (4): 492-8

Brambell F. Ovarian changes. En: Marshall´s Physiollogy of Reproduction. Vol 1. Ed Parkes A. Longmans Green, New York, 1956; p. 397-542.

Breed WG, Hope RM, Wiebkin OW, Spargo SC, Chapman JA. Structural organization and evolution of the marsupial zona pellucida. Reproduction. 2002; 123(1): 13-21.

Brock AA, Chapman SA, Ulman EA, Wu G. Dietary manganese deficiency decreases rat hepatic arginase activity. J Nutr. 1994; 124: 340–344.

Brogliatti GM, Adams GP. Ultrasound-guided transvaginal oocyte collection in prepubertal calves. Theriogenology. 1996; 45 (6): 1163 - 1176.

Brunet S, Maro B. Cytoskeleton and cell cycle control during meiotic maturation of the mouse oocyte: integrating time and space. Reproduction. 2005; 130(6):801-11.

Buccione R, Schoeder AC, Eppig JJ. Interaction between somatic cells and germ cells throughout mammalian oogenesis. Biol Reprod. 1990; 43: 543-547.

Bukovsky A, Caudle MR, Svetlikova M, Upadhyaya NB. Origin of germ cells and formation of new primary follicles in adult human ovaries. Reproductive Biology and Endocrinology. 2004; 2: 20.

Burghardt RC, Anderson E. Hormonal modulation of gap junctions in rat ovarian follicles. Cell Tissue Res. 1981; 214: 181-193.

Burkman LI. Characterization of hyperactivated motility by human spermatozoa during capacitation: comparison of fertile and oligospermic sperm populations. Arch Androl. 1984; 13: 153-165.

Byskov A. Primordial germ cells and regulation of meiosis. En: Austin C, Short R Reproduction in Mammals. Vol 1. Cambridge University Press, Cambridge, 1982, p. 1-16.

Callejas SS. Fisiología del ciclo estral bovino. Revista Cabia. 1996; 29:10-24

Cardona Maya WD, Olivera Ángel M, Cadavid AP. Evaluación de la reacción acrosomal inducida por el ionóforo de calcio: una aproximación más real de la capacidad fecundante del espermatozoide. Arch. Esp. Urol. 2006; 59 (5): 501-510.

Carlson, BM. Segmentación del cigoto e implantación. En: Embriología Humana y Biología del Desarrollo. 4ta edición. España, Elsevier, 2009, pp. 43-56.

Carolan C, Lonergan P, Van Langendonckt A, Mermillod P. Factors affecting bovine embryo development in synthetic oviduct fluid following oocyte maturation and fertilization in vitro. Theriogenology. 1995; 43: 1115-1128.

Carter JC Jr, Miller WJ, Neathery MW, Gentry RP, Stake PE, Blackmon DM. Manganese metabolism with oral and intravenous 54Mn young calves as influenced by supplemental manganese. J Anim Sci. 1974; 38(6):1284-90

Cavallini L, Valente M, Bindoli A. Inhibition of lipid peroxidation by manganese. Inorg Chim Acta. 1983; 79: 224–225.

Cazanave S, Berson A, Haouzi D, Vadrot N, Fau D, Grodet A, Lettéron P, Feldmann G, El-Benna J, Fromenty B, Robin MA, Pessayre D. High hepatic glutathione stores alleviate Fas-induced apoptosis in mice. J Hepatol. 2006; 46: 858–868.

Cetica PD, Pintos LN, Dalvit GC, Beconi MT. Antioxidant enzyme activity and oxidative stress on bovine oocyte in vitro maturation. Iubmb Life. 2001; 51(1):57-64.

Cha KY, Chian RC. Maturation in vitro of human oocytes for clinical use. Hum Reprod Update. 1998; 4: 103-120.

Chandra J, Samali A, Orrenius S. Triggering and modulation of apoptosis by oxidative stress. Free Radic Biol Med. 2000; 29 (3-4): 323-33.

Chang MC. Fertilizing capacity of spermatozoa deposited into the fallopian tube. Nature. 1951; 168: 697-698.

Chang MC. In vitro fertilization of mammalian eggs. J Animal Sci. 1968; 27 (Suppl 1): 15-22.

Chang MC. The meaning of sperm capacitation. A historical perspective. J Androl. 1984; 5 (2): 45 - 50.

Chang MC, Austin CR, Bedford JM, Brackett BG, Hunter RHF, Yanagimachi R. Capacitation of spermatozoa and fertilization in mammals. En: Frontiers in Reproduction and Fertility Control. Part 2. Greep RO, Kobrinsky MA (Eds). Ford Foundation Publications, Cambridge, 1977, p 434-451.

Chase CC, Kirby CJ, Hammond AC, Olson TA, Lucy MC. Patterns of ovarian growth and development in cattle with a growth hormone deficiency. J Anim Sci. 1998; 76: 212–219.

Chaudhury K, Bhattacharyya AK, Guha SK. Studies on the membrane integrity of human sperm treated with a new injectable male contraceptive. Hum Reprod. 2004; 19(8):1826-30

Chen L, Russell PT, Larsen WJ. Functional significance of cumulus expansion in the mouse: roles for the preovulatory synthesis of hyaluronic acid within the cumulus mass. Mol Reprod Dev. 1993; 34: 87 – 93.

Chen L, West SE, Hendrix EM, Rusell PT, Cannon M, Larsen WJ. Hyaluronic acid synthesis and gap junction endocytosis are necessary for normal expansion of the culture mass. Mol Reprod Dev, 1990; 26: 236 - 247.

Chen X, Zhou B, Yan J, Xu B, Tai P, Li J, Peng S, Zhang M, Xia G. Epidermal growth factor receptor activation by protein kinase C is necessary for FSH-induced meiotic resumption in porcine cumulus–oocyte complexes. Journal of Endocrinology. 2008; 197: 409-419.

Chen Y, Jefferson WN, Newbold RR, Padilla-Banks E, Pepling ME. Estradiol, progesterone, and genistein inhibit oocyte nest breakdown and primordial follicle assembly in the neonatal mouse ovary in vitro and in vivo. Endocrinology. 2007; 148:3580–3590.

Cheng WTK, Moor RM, Polge C. In vitro fertilization of pig and sheep oocytes matured in vivo and in vitro. Theriogenology. 1986; 25: 140-146.

Cherr GN, Lambert H, Meizel S, Katz DF. In vitro studies of the golden hamster sperm acrosome reaction: completion on the zona pellucida and induction by homologous soluble zonae pellucidae. Dev. Biol. 1986; 114: 119-131.

Chihuailaf R, Contreras PA, Wittwer F. Patogénesis del estrés oxidativo: consecuencias y evaluación en salud animal. Vet. Méx. 2002; 33 (3).

Chung YC, Kim CK, Kim HR, Lee JH, Chung JT. Effect of individual variation in acrosome reaction of bull sperm on in vitro fertilization and embryonic development. J Anim Sci. 1991; 69 (1): 427.

Circu ML, Aw TY. Reactive oxygen species, cellular redox systems, and apoptosis. Free Radic Biol Med. 2010; 48:749–762.

Clark J, Eddy E. Fine structural observations on the origin and association of primordial germ cells of the mouse. Dev Biol. 1975; 47: 136- 155.

Clark SG, Haubert K, Beebe DJ, Fergusona E, Wheeler MB. Reduction of polyspermic penetration using biomimetic microfluidic technology during in vitro fertilization. The Royal Society of Chemistry. 2005; 5: 1229 - 1232.

Clegg KB, Piko L. Quantitative aspects of RNA synthesis and polyadenylation in 1 -cell and 2-cell mouse embryos. Embryol. exp. Morph. 1983; 74: 169-182.

Coassin M, Ursini F, Bindoli A. Antioxidant eff ect of manganese. Arch. Biochem Biophys. 1992; 299: 330–333.

Coddington CC, Fulgham DL, Alexander NJ, Johnson D, Herr JC, Hodgen GD. Sperm bound to zona pellucida in hemizona assay demonstrate acrosome reaction when stained with T-6 antibody. Fertil Steril. 1990; 54(3):504-8.

Collins AR. The comet assay for DNA damage and repair: principles, applications, and limitations. Mol Biotechnol. 2004; 26:249–61.

Cooper GW, OverstreetJW, Katz DF The motility of rabbit spermatozoa recovered from the female reproductive tract. Gamete Res 1979; 2: 35-42.

Corn CM, Hauser-Kronberger C, Moser M, Tews G, Ebner T. Predictive value of cumulus cell apoptosis with regard to blastocyst development of corresponding gametes. Fertil. Steril. 2005; 84: 627–633.

Cornett LE, Meizel S. Stimulation of in vitro activation and the acrosome reaction of hamster spermatozoa by catecholamines. Proc Natl Acad Sci USA. 1978; 75:4954–4958.

Coronel CE, Lardy HA. Characterization of Ca2+ uptake by guinea pig epididymal spermatozoa. Biol. Reprod. 1987; 37: 1097-1107.

Cortvrindt R, Hu Y, Smitz J. Recombinant luteinizing hormone as a survival and differentiating factor increases oocyte maturation in recombinant follicle stimulated hormone-supplemented mouse preantral follicle culture. Hum Reprod. 1998; 13: 1292–1303.

Coy P, Martínez E, Ruíz S, Vázquez JM, Roca J, Matas C, Pellicer MT. In vitro fertilization of pig oocyte after different coincubation intervals. Theriogenology. 1993; 39: 1201-1208.

Cran DG, Cheng WTK. The cortical reaction in pig oocytes during in vivo and in vitro fertilization. Gamete Research. 1986; 13: 241–251.

Cross NL. Role of cholesterol in sperm capacitation. Biol Reprod. 1998; 59: 7–11.

Cross NL, Morales P, Overstreet JW, Hanson FW. Induction of acrosome reactions by the human zona pellucida. Biol Reprod. 1988; 38(1):235-44.

Crozet N. Ultrastructural aspects of in vivo fertilization in the cow Gamete Res. 1984; 10: 241-251

Crozet N, Ahmed-Ali M, Dubos MP. Developmental competence of goat oocytes from follicles of different size categories following maturation, fertilization and culture in vitro. J Reprod Fertil. 1995; 103: 293 - 298.

Crozet N, Dumont M. The site of the acrosome reaction during in vivo penetration of the sheep oocyte. Gamete Res 1984; 10:97-105.

Crozet N, Huneau D, De Smedt V, Theron MC, Szollosi D, Torres S, Sevellec C. In vitro fertilization with normal development in sheep. Gametes Res. 1987; 16: 159-170.

Curran GL, Azarnoff DL. Effect of certain transition elements on cholesterol biosynthesis. Fed. Proc. 1961; 20: 109–111.

Czerski L, Nuñez G. Apoptosome formation and Caspase activation: is it different in the heart?. J Mol Cell Cardiol. 2004; 37 (3): 643-652.

Davidsson L, Lonnerdal B, Sandstrom B, Kunz C, Keen CL. Identification of transferrin as the major plasma carrier protein for manganese introduced orally or intravenously or after in vitro addition in the rat. J Nutr 1989; 119(10):1461–4.

Davis BK. Timing of fertilization in mammals: Sperm cholesterol/phospholipid ratio as determinant of capacitation interval. Proc Natl Acad Sci USA. 1981; 78: 7560-7564.

Davis C, Ney DM, Greger JL. Manganese, iron and lipid interactions in rats. J. Nutr. 1990; 120: 507–513.

Davis C, Wolf T, Greger J. Varying levels of manganese and iron affect absorption and gut endogenous losses of manganese by rats. Journal of Nutrition. 1992; 122: 1300–1308.

De Kretser DM, Kerr JB. The citology of the testis. En: Knobil E, Neil JD The physiology of reproduction. Second Edition. Raven Press Ltd, New York, 1994, Chapter 21.

de Loos F, Kastrop P, Van Maurik P, Van Beneden TH, Kruip TA. Heterologous cell contacts and metabolic coupling in bovine cumulus oocyte complexes. Mol. Reprod. Dev. 1991; 28: 255–259.

de Matos DG, Furnus CC. The importance of having high glutathione (GSH) level after bovine in vitro maturation on embryo development: Effect of β – mercaptoethanol, cystein and cystin. Theriogenology. 2000; 53: 761-771.

de Matos DG, Furnus CC, Moses DF. Glutathione synthesis during in vitro maturation of bovine oocytes: role of cumulus cells. Biol Reprod. 1997; 57: 1420–1425.

de Matos DG, Furnus CC, Moses DF, Baldassarre H. Effect of cysteamine on glutathione level and developmental capacity of bovine oocyte matured in vitro. Mol Reprod Dev. 1995; 42(4): 432-6.

de Matos DG, Furnus CC, Moses DF, Martinez AG, Matkovic M. Stimulation of glutathione synthesis of in vitro matured bovine oocytes and its effect on embryo development and freezability. Mol Reprod Dev. 1996; 45(4):451-7.

de Matos DG, Gasparrini B, Pasqualini SR, Thompson JG. Effect of glutathione synthesis stimulation during in vitro maturation of ovine oocytes on embryo development and intracellular peroxide content. Theriogenology. 2002; 57: 1443-1451.

de Rosa G, Keen CL, Leach RM, Hurley LS. Regulation of superoxide dismutase activity by dietary manganese. J Nutr. 1980; 110(4): 795-804.

DeAngelis PL. Hyaluronan synthases: fascinating glycosyltransferases from vertebrates, bacterial pathogens, and algal viruses. Cell Mol Life Sci. 1999; 56(7-8): 670-82.

Dekel N, Beers W. Development of the rat oocyte in vitro: Inhibition and induction of maturation in the presence or absence of the cumulus oophorus. Dev Biol. 1980; 75: 247-254.

Dekel N, Galiani D, Sherizly I. Dissociation between the inhibitory and the stimulatory action of cAMP on maturation of rat oocytes. Mol Cell Endocrinol. 1988; 56: 115–21.

Dell'Aquila ME, Cho YS, Minoia P, Traina V, Fusco S, Lacalandra GM, Maritato F. Intracytoplasmic sperm injection (ICSI) versus conventional IVF on abattoir-derived and in vitro-matured equine oocytes. Theriogenology. 1997; 47: 1139 – 1156.

Dell'Aquila ME, De Felici M, Massari S, Maritato F, Minoia P. Effects of Fetuin on zona pellucida hardening and fertilizability of equine oocytes matured in vitro. Biol Reprod. 1999; 61:533-540.

DeLong, M. J. Apoptosis: a modulator of cellular homeostasis and disease states. Ann. N Y Acad. Sci. 1998; 842: 82–90.

DeMott RP, Suárez SS. Hyperactivated sperm progress in the mouse oviduct. Biol Reprod. 1992; 46: 779-785.

Di Costanzo L, Ilies M, Thorn KJ, Christianson DW. Inhibition of human arginase I by substrate and product analogues. Arch Biochem Biophys. 2010; 496(2): 101-8.

Dickenson DA, Forman HJ. Glutathione in defense and signaling: lessons from a small thiol. Ann N Y Acad Sci. 2002; 973: 488–504.

Dobson AW, Erikson KM, Aschner M. Manganese neurotoxicity. Ann N Y Acad Sci. 2004; 1012: 115–128.

Dolinoy DC, Weinhouse C, Jones TR, Rozek LS, Jirtle RL. Variable histone modifications at the A(vy) metastable epiallele. Epigenetics. 2010; 5(7):637-44.

Downs SM. Purine control of mouse oocyte maturation: evidence that nonmetabolized hypoxanthine maintains meiotic arrest. Mol Reprod Dev. 1993; 35: 82-94.

Downs SM, Daniel SA, Eppig JJ. Induction of maturation in cumulus cell-enclosed mouse oocytes by follicle-stimulating hormone and epidermal growth factor: evidence for a positive stimulus of somatic cell origin. J Exp Zool. 1988; 245: 86–96.

Driancourt MA. Regulation of ovarian follicular dynamics in farm animals. Implications for manipulation of reproduction. Theriogenology. 2001; 55: 1211–1239.

Driancourt MA, Reynaud K, Cortvrindt R, Smitz J. Roles of kit and kit ligand in ovarian function. Rev Reprod. 2000; 5: 143–152.

Dugan LL, Sensi SL, Canzoniero LM, Handran SD, Rothman SM, Lin S, Goldberg MP, Choi DW. Mitochondrial production of reactive oxygen species in cortical neurons following exposure to N-methyl-Daspartate. J Neurosci. 1995; 15:6377– 6388.

Eddy E, Clarke J, Gong D, Fenderson B. Origin and migration of primordial germ cells in mammals. Gamete Res. 1981; 4: 333-362.

Eddy E, Hahnel A. Establishment of the germ line in mammals. En: Mc Laren A, Wylie C 7th Symposium of British society for Developmental Biology. Cambridge University Press, Cambridge, 1983, p. 41-69.

Edelstam GA, Lundkvist OE, Wells AF, Laurent TC. Localization of hyaluronan in regions of the human female reproductive tract. J Histochem Cytochem. 1991; 39 (8): 1131 - 1135.

Edson MA, Nagaraja AK, Matzuk MM. The mammalian ovary from genesis to revelation. Endocr Rev. 2009; 30(6):624-712.

Eisenbach M, Giojalas LC. Sperm guidance in mammals - an unpaved road to the egg. Nat Rev Mol Cell Biol. 2006; 7(4): 276-85.

El Mchichi B, Hadji A, Vazquez A, Leca G. p38 MAPK and MSK1 mediate caspase-8 activation in manganese-induced mitochondria-dependent cell death. Cell Death Differ. 2007; 14: 1826–1836.

Elmore S. Apoptosis: a review of programmed cell death. Toxicol Pathol. 2007; 35 (4): 495-516.

Epperly MW, Sikora CA, DeFilippi SJ, Gretton JE, Zhan Q, Kufe DW, Greenberger JS. Manganese superoxide dismutase (SOD2) inhibits radiation-induced apoptosis by stabilization of the mitochondrial membrane. Radiat. Res. 2002; 157: 568–577.

Eppig J. Role of serum in FSH stimulated cumulus expansion by mouse oocyte-cumulus cell-complex in vitro. Biol Reprod. 1980; 22: 692 - 633.

Eppig JJ. The Relationship between Cumulus Cell Oocyte Coupling, Oocyte Meiotic Maturation, and Cumulus Expansion. Dev Biol 1982; 89:268-272.

Eppig J. Oocyte-somatic cell interactions during oocyte growth and maturation in the mammal. En: Browder L Developmental biology: A comprehensive synthesis. Oogenesis. Vol 1. Plenum Press, New York, 1985, p. 313-347.

Eppig JJ. Intercommunication between mammalian oocytes and companion somatic cells. Bioessays 1991; 13: 569–574.

Eppig JJ. Coordination of nuclear and cytoplasmic oocyte maturation in eutherian mammals. Reproduction Fertility and Development. 1996; 8: 485-489.

Eppig JJ, Downs SM. Chemical signals that regulate mammalian oocyte maturation. Biol. Reprod. 1984; 30: 1-11.

Eppig JJ, Wigglesworth K. Development of mouse and rat oocytes in chimeric reaggregated ovaries after interspecific exchange of somatic and germ cell components. Biol Reprod. 2000; 63: 1014–1023.

Erickson BH. Development and senescence of the postnatal bovine ovary. J Anim Sci. 1966; 25: 800–805.

Evans JP, Robinson DN. The Spatial and Mechanical Challenges of Female Meiosis. Mol Reprod Dev 2011; 78: 769-777.

Eybl V, Kotyzová D. Protective effect of manganese in cadmium-induced hepatic oxidative damage, changes in cadmium distribution and trace elements level in mice. Interdiscip Toxicol. 2010; 3(2): 68-72.

Eynard AR, Valentich MA, Rovasio RA. Componentes celulares y moleculares involucrados en etapas tempranas del desarrollo. En: Histología y embriología del ser humano: bases celulares y moleculares. Editorial Médica Panamericana, Argentina, 2008, p. 140-168.

Farini D, La Sala G, Tedesco M, De Felici M. Chemoattractant action and molecular signaling pathways of Kit ligand on mouse primordial germ cells. Dev Biol. 2007; 306: 572–583.

Fatehi AN, Zeinstra EC, Kooij RV, Colenbrander B, Bevers MM. Effect of cumulus cell removal of in vitro matured bovine oocytes prior to in vitro fertilization on subsequent cleavage rate. Theriogenology. 2002; 57: 1347–1355.

Ferreira EM, Vireque AA, Adona PR, Meirelles FV, Ferriani RA, Navarro PA. Cytoplasmic maturation of bovine oocytes: structural and biochemical modifications and acquisition of developmental competence. Theriogenology. 2009; 71(5): 836-48.

Findlay JK, Drummond AE, Dyson ML, Baillie AJ, Robertson DM, Ethier J-F. Recruitment and development of the follicle; the roles of the transforming growth factor-b superfamily. Mol Cell Endocrinol. 2002; 191: 35–43.

Fleming AD, Kuehl TJ. Effects of temperature upon capacitation of guinea pig spermatozoa. J Exp Zool. 1985; 233 (3): 405-411.

Fletcher WH, Greenan JRT. Receptor mediated action without receptor occupancy. Endocrinology. 1985; 116: 1660-1662.

Florman HM, Babcock DF. Progress towards understanding the molecular basis of capacitation. En: Wassarman PM Elements of Mammalian Fertilization. Boca Ratan, FL, CRC Press, 1991, p.105-132.

Florman HM, Ducibella T. Fertilization in Mammals. En: Neill JD Physiology of Reproduction. San Diego, CA, Ed Elsevier, 2006, p. 55–112.

Florman HM, First NL. The regulation of acrosomal exocytosis. I. Sperm capacitation is required for the induction of acrosome reactions by the bovine zona pellucida in vitro. Dev Biol. 1988 ;128(2):453-63.

Forrest HN. Ultratrace Minerals. En: Shils ME, Olson JA, Shike M Modern Nutrition in Health and Disease, 8th ed. Philadelphia, Lea & Febiger, 1993, p. 269-286.

Fortune JE, Rivera GM, Evans ACO, Turzillo AM. Differentiation of dominant versus subordinate follicles in cattle. Biol Reprod. 2001; 65: 648–654.

Foster JA, Friday BB, Maulit MT, Blobel C, Winfrey VP, Olson GE, Kim KS, Gerton GL. AM67, a secretory component of the guinea pig sperm acrosomal matrix, is related to mouse sperm protein sp56 and the complement component 4-binding proteins. J. Biol. Chem. 1997; 272: 12714–12722.

Franchi L, Mandl A, Zuckerman S. The development of the ovary and the process of oogenesis. En: Zuckerman S The Ovary. Vol 1. Academic Press, New York, 1962, p. 1-88.

Franco R, Cidlowski JA. Apoptosis and glutathione: beyond an antioxidant. Cell Death Differ. 2009; 16 (10): 1303-14.

Fraser LR. Motility patterns in mouse spermatozoa before and after capacitation. J Exp Zool. 1977; 202: 439-444.

Fraser LR. Potassium ions modulate expression of mouse sperm fertilizing ability, acrosome reaction and hyperactivated motility in vitro. J Reprod Fertil. 1983; 69 (2): 539-553.

Fraser LR. Minimum and maximum extracellular Ca2+ requirements during mouse sperm capacitation and fertilization in vitro. J. Reprod. Fert. 1987; 81: 77-89.

Fraser LR, Quinn PJ. A glycolytic product is obligatory for initiation of the sperm acrosome reaction and whiplash motility required for fertilization in the mouse. J Reprod Fertil. 1981; 61(1): 25-35.

Fridovich I. Superoxide radical and superoxide dismutases. Annu. Rev. Biochem. 1995; 64: 97–112.

Friesen C, Kiess Y, Debatin KM. A critical role of glutathione in determining apoptosis sensitivity and resistance in leukemia cells. Cell Death Differ. 2004; 11 (Suppl 1): S73–S85.

Fukui Y, Sonoyama T, Mochizucki H, Ono H. Effect of heparin dosage and sperm capacitation time on in vitro fertilization and cleavage of bovine oocytes maturated in vitro, Theriogenology. 1990, 34: 575 - 591.

Fulka J Jr, First NL, Moor RM. Nuclear and cytoplasmic determinants involved in the regulation of mammalian oocyte maturation. Mol Hum Reprod. 1998; 4(1): 41-9.

Fulka J Jr, Leibfried-Rutledge ML, First NL. Effect of 6-dimethylaminopurine on germinal vesicle breakdown of bovine oocytes. Mol Reprod Dev. 1991; 29(4):379-84.

Fulton BP, Whittingham DG. Activation of mammalian oocytes by intracellular injection of calcium. Nature 1978; 213: 149-151.

Funahashi H, Cantley TC, Stumpf TT, Terlouw SL, Day B. Use of low-salt culture medium with elevated oocyte glutathione levels and enhanced male pronuclear formation after in vitro fertilization. Biology of Reproduction. 1994; 51: 633-639.

Funahashi H, Day BN. Advances in in-vitro production of porcine embryos. J Reprod Fertil. 1997; 52 (Suppl): 271 - 283.

Furnus CC, de Matos DG, Moses DF. Cumulus expansion during in vitro maturation of bovine oocytes: relationship with intracellular glutathione level and its role on subsequent embryo development. Mol Reprod Dev. 1998; 51(1):76-83.

Gabrielli BG, Roy LM, Maller JL. Requirement of cdk2 in cytostatic factor-mediated metaphase arrest. Science. 1993; 259: 1766-1769.

Gadella BM, Harrison RAP. Capacitation induces cyclic adenosine 3′,5′-monophosphate-dependent, but apoptosis-unrelated, exposure of aminophospholipids at the apical head plasma membrane of boar sperm cells. Biol Reprod. 2002; 67: 340–350

Gao G, Yi J, Zhang M, Xiong J, Geng L, Mu C, Yang L. Effects of iron and copper in culture medium on bovine oocyte maturation, preimplantation embryo development, and apoptosis of blastocysts in vitro. J Reprod Dev. 2007; 53(4): 777-84.

Gardiner CS, Reed DJ. Status of glutathione during oxidant-induced oxidative stress in the preimplantation mouse embryo. Biol Reprod. 1994; 51 (6): 1307-14.

Gardner DK, Lane M, Spitzer A, Batt PA. Enhanced rates of cleavage and development for sheep zygotes cultured to the blastocyst stage in vitro in the absence of serum and somatic cells: Amino acids, vitamins, and culturing embryos in groups stimulated development. Biol Reprod. 1994; 50: 390-400.

Garrett WM, Guthrie HD. Expression of Bcl-2 and 3-hydroxysteroid dehydrogenase protein during oocyte and follicle development in foetal and post-natal pig ovaries. Reprod Fertil Dev. 1999; 11: 463–470.

Garrick MD, Dolan KG, Horbinski C, Ghio AJ, Higgins D, Porubcin M, Moore EG, Hainsworth LN, Umbreit JN, Conrad ME, Feng L, Lis A, Roth JA, Singleton S, Garrick LM. DMT1: a mammalian transporter for multiple metals. Biometals 2003; 16(1): 41–54.

Garrido C, Saule S, Gospodarowicz D. Transcriptional regulation of vascular endothelial growth factor gene expression in bovine granulosa cells. Growth Factors. 1993; 8: 109–117.

Ge L, Han D, Lan GC, Zhou P, Liu Y, Zhang X, Sui HS, Tan JH. Factors affecting the in vitro action of cumulus cells on the maturing mouse oocytes. Mol Reprod Dev. 2008; 75(1): 136-42.

Gerard N, Loiseau S, Duchamp G, Seguin F. Analysis of the variations of follicular fluid composition during follicular growth and maturation in the mare using proton nuclear magnetic resonance. Reproduction. 2002; 124: 241-248.

Gerard P, Herland M. Sur la persistence de phenomènes d´oogenèse chez les lemuriens adultes. Arch Biol. 1953; 64: 97-111.

Gibbons RA, Dixon SN, Hallis K, Russell AM, Sansom BF, Symonds HW. Manganese metabolism in cows and goats. Biochim Biophys Acta. 1976; 444(1):1-10.

Gil MA, Cuello C, Parrilla I, Vazquez JM, Roca J, Martinez EA. Advances in swine in vitro embryo production technologies. Reprod Domest Anim. 2010; 45 (2): 40 - 48.

Gil Villa AM, Cardona-Maya WD, Cadavid Jaramillo AP. Muerte embrionaria temprana: ¿tiene influencia el factor masculino?. Arch. Esp. Urol. 2007; 60 (9): 1057 - 1068.

Gilbert SF. Desarrollo temprano en los vertebrados: peces, aves y mamíferos. En: Biología del desarrollo. Editorial Médica Panamericana, Argentina, 2005, p. 371-419

Gilchrist RB, Lane M, Thompson JG. Oocyte-secreted factors: regulators of cumulus cell function and oocyte quality. Human Reproduction Update. 2008; 14: 159–177.

Gilchrist RB, Ritter LJ, Armstrong DT. Oocyte-somatic cell interactions during follicle development in mammals. Anim Reprod Sci. 2004; 82-83:431-46.

Gilula N, Epstein M, Beers W. Cell-to-cell communication and ovulation: A study of cumulus cell-oocyte ccomplex. J Cell Biol. 1978; 78: 58-75.

Ginsburg M, Snow MHL, McLaren A. Primordial germ cells in the mouse embryo during gastrulation. Development. 1990; 110: 521-528.

Glander HJ y Schaller J. Binding of annexin V to plasma membranes of human spermatozoa: a rapid assay for detection of membrane changes after cryostorage. Mol Hum Reprod. 1999; 5: 109 – 115.

Go KJ, Wolf DP. Albumin-mediated changes in sperm sterol content during capacitation. Biol. Reprod. 1985; 32: 145-153.

Godin I, Wylie C, Heasman J. Genital ridges exert long-range effects on primordial germ cell numbers and direction of migration in culture. Development. 1990; 108: 357-363.

Godin I, Wylie C. TGF β1 inhibits proliferation and has a chemostactic effect on mouse primordial germ cells in culture. Development. 1991; 113: 1451-1457.

Goldberg JM, Falcone T, Attaran M. In vitro fertilization update. Cleve Clin J Med. 2007; 74 (5): 329 - 338.

Gondos B. Oogonia and oocytes in mammals. En: Jones R The vertebrate ovary. Plenum Press, New York, 1978, p. 83-120.

Goud PT, Goud AP, Qian C, Laverge H, Van der Elst J, De Sutter P, Dhont M. In-vitro maturation of human germinal vesicle stage oocytes: role of cumulus cells and epidermal growth factor in the culture medium. Hum. Reprod. 1998; 13: 1638-1644.

Grace ND, Lee J. Effect of Co, Cu, Fe, Mn, Mo, Se and Zn supplementation on the elemental content of soft tissues and bone in sheep grazing ryegrass/ white clover pasture. New Zealand Journal of Agricultural Research. 1990; 33: 635–647.

Grazul-Bilska AT, Reynolds LP, Redmer DA. Gap junctions in the ovaries. Biol Reprod 1997; 57: 947–957.

Gressley, TF. Zinc, copper, manganese and selenium in dairy cattle rations. Proceedings of the 7th annual mid-Atlantic nutrition conference. Zimmermann, N.G. ed. University of Maryland, College Park, MD 20742, 2009, p. 65-71.

Guatking RLB. Fertilization. En: Poste G, Nicolson GL The Cell Surface in Animal Embryogenesis and Development. Elsevier North Holland, Holland, 1976, p. 1-53.

Gulbins E, Dreschers S, Bock J. Role of mitochondria in apoptosis. Exp. Physiol. 2003; 88: 85–90.

Gunshin H, Mackenzie B, Berger UV, Gunshin Y, Romero MF, Boron WF, Nussberger S, Gollan JL, Hediger MA. Cloning and characterization of a mammalian proton-coupled metal–ion transporter. Nature 1997; 388(6641): 482–8.

Gupta SK, Bhandari B. Acrosome reaction: relevance of zona pellucida glycoproteins. Asian J Androl. 2011; 13(1): 97-105.

Hamaguchi Y, Hiramoto Y. Activation of sea urchin eggs by microinjection of calcium buffers. Exp. Cell Res. 1981; 134: 171-179.

HaMai D, Bondy SC. Oxidative basis of manganese neurotoxicity. Ann N Y Acad Sci. 2004; 1012: 129–141.

Hampton MB, Orrenius S. Dual regulation of caspase activity by hydrogen peroxide: implications for apoptosis. FEBS Lett. 1997; 414 (3): 552-556.

Hanada A, Enya Y, Suzuki T. Birth of calves by non-sirurgical transfer of in vitro fertilized embryos obtained from oocytes matured in vitro. Japanese J. Anim Reprod. 1986; 32: 208 (Abst).

Hansen SL, Spears JW, Lloyd KE, Whisnant CS. Growth, reproductive performance, and manganese status of heifers fed varying concentrations of manganese. J Anim Sci. 2006; 84(12): 3375-80.

Hansen SL, Trakooljul N, Liu HC, Moeser AJ, Spears JW. Iron transporters are differentially regulated by dietary iron, and modifications are associated with changes in manganese metabolism in young pigs. J Nutr. 2009; 139 (8): 1474-9.

Hardisty M. Primordial germ cells and the vertebrate germ line. En: Jones R The vertebrate Ovary. Plenum Press, New York, 1978, p. 1-82.

Harrison RA, Gadella BM. Bicarbonate-induced membrane processing in sperm capacitation. Theriogenology. 2005; 63(2): 342-51.

Hartshorne GM. In vitro culture of ovarian follicles. Rev Reprod. 1997; 2: 94–104.

Hashimoto S, Minami N, Yamada M, Imai H. Excessive concentration of glucose during in vitro maturation impairs the developmental competence of bovine oocytes after in vitro fertilization: relevance to intracellular reactive oxygen species and glutathione contents. Mol. Reprod. Dev. 2000; 56: 520–526.

Hashimoto S. Application of in vitro maturation to assisted reproductive technology. J Reprod Dev. 2009; 55: 1 - 10.

Hashimoto S, Saeki K, Nagao Y, Minami N, Yamada M, Utsumi K. Effects of cumulus cell density during in vitro maturation on the developmental competence of bovine oocytes. Theriogenology. 1998; 49: 1451-1463.

He L, Girijashanker K, Dalton TP, Reed J, Li H, Soleimani M, Nebert DW. ZIP8, member of the solute-carrier-39 (SLC39) metal-transporter family: characterization of transporter properties. Mol Pharmacol 2006; 70(1): 171–80.

Hedrick JL, Wardrip NJ. On the macromolecular composition of the zona pellucida from porcine oocytes. Dev Biol. 1987; 121(2):478-88.

Heller D, Schultz R. Ribonucleoside metabolism by mouse oocyte: Metabolic cooperativity between the fully-grown oocyte and cumulus cells. J Exp Zool. 1980; 214: 355-364.

Henry PR, Ammerman CB, Littell RC. Relative bioavailability of manganese from a manganese-methionine complex and inorganic sources for ruminants. J Dairy Sci. 1992; 75(12):3473-8.

Herbert M, Levasseur M, Homer H, Yallop K, Murdoch A, McDougall A. Homologue disjunction in mouse oocytes requires proteolysis of securin and cyclin B1. Nature Cell Biology. 2003; 5: 1023–1025.

Hidiroglou, M. Manganese in ruminant nutrition. Can. J. Anim. Sci. 1979; 59: 217.

Hill JL, Wade MG, Nancarrow CD, Kelleher DL, Boland MP. Influence of ovine oviductal amino acid concentrations and ovine oestrus-associated glycoproteinon development and viability of bovine embryos. Mol Reprod Dev. 1997; 47: 164-169.

Himeno S, Yanagiya T, Fujishiro H. The role of zinc transporters in cadmium and manganese transport in mammalian cells. Biochimie. 2009; 91(10): 1218-22

Hinrichs K, Love CC, Brinsko SP, Choi YH, Varner DD. In vitro fertilization of in vitro-matured equine oocytes: effect of maturation medium, duration of maturation, and sperm calcium ionophore treatment, and comparison with rates of fertilization in vivo after oviductal transfer. Biol Reprod. 2002; 67:256-262

Hirata Y. Manganese-induced apoptosis in PC12 cells. Neurotoxicol. Teratol. 2002; 24: 639–653.

Hirshfield AN. Development of follicles in the mammalian ovary. Int Rev Cytol. 1991; 124: 43-101.

Holley AK, Bakthavatchalu V, Velez-Roman JM, St Clair DK. Manganese superoxide dismutase: guardian of the powerhouse. Int J Mol Sci. 2011; 12(10): 7114-62.

Honda A, Siruntawineti J, Baba T. Role of acrosomal matrix proteases in sperm-zona pellucida interactions. Hum. Reprod. Update. 2002; 8, 405–412.

Host E, Gabrielsen A, Lindenberg S, Smidt-Jensen S. Apoptosis in human cumulus cells in relation to zona pellucida thickness variation, maturation stage and cleavage of the corresponding oocyte after intracytoplasmic sperm injection. Fertil Steril. 2002; 77: 511–515.

Hughes FJ, Gorospe WC. Biochemical identification of apoptosis (programmed cell death) in granulosa cells: evidence for a potential mechanism underlying follicular atresia. Endocrinology. 1991; 129: 2415–2422.

Hunter AG, Moor RM. Stage-dependent effects of inhibiting ribonucleic acids and protein synthesis on meiotic maturation of bovine oocytes in vitro. J Dairy Sci. 1987; 70(8) 1646-51.

Hunter MG, Robinson RS, Mann GE, Webb R. Endocrine and paracrine control of follicular development and ovulation rate in farm species. Anim Reprod Sci. 2004; 82-83: 461-77.

Hunter RHF. Modulation of gamete progression and maturation in the female genital tract. Mol Reprod Dev. 1994; 39: 176-181.

Hurley LS, Keen CL. Manganese. En: Trace Elements in Human and Animal Nutrition. 5th ed. Academic Press, Inc New York, NY, 1987, p. 185.

Hussain S, Ali SF. Manganese scavenges superoxide and hydroxyl radicals: an in vitro study in rats. Neurosci Lett. 1999; 261(1-2): 21-4.

Ikeda S, Imai H, Yamada M. Apoptosis in cumulus cells during in vitro maturation of bovine cumulus-enclosed oocytes. Reproduction 2003; 125: 369-76.

Irianni F, Hodgen GD. Mechanism of Ovulation. Endocrinol Metab Clin North Am. 1992; 21: 19-38.

Iritani A, Niwa K. Capacitation of bull spermatozoa and fertilizationin vitro of cattle follicular oocytes matured in culture. J Reprod Fertil. 1977; 50: 119-121.

Johnson J, Bagley J, Skaznik-Wikiel M, Lee HJ, Adams GB, Niikura Y, Tschudy KS, Tilly JC, Cortes ML, Forket R, Spitzer T, Iacomini J, Scadden DT, Tilly JL. Oocyte generation in adult mammalian ovaries by putative germ cells in bone marrow and peripheral blood. Cell. 2005; 122; 303–315.

Johnson J, Canning J, Kaneko T, Pru JK, Tilly JL. Germline stem cells and follicular renewal in the postnatal mammalian ovary. Nature. 2004; 428: 145–150.

Jones R. The vertebrate ovary. Plenum Press, New York, 1978.

Jones, R. Identification and functions of mammalian sperm–egg recognition molecules during fertilization. J. Reprod. Fertil. 1990; Suppl. 42, 89–105.

Josefsberg LB, Galiani D, Dantes A, Amsterda MA, Dekel N. The proteosome is involved in the first metaphase-to-anaphase transition of meiosis in rat oocytes. Biol Reprod. 2000; 62: 1270-1277.

Kang MK, Han SJ. Post-transcriptional and post-translational regulation during mouse oocyte maturation. BMB Rep. 2011; 44(3):147-57.

Kanka J, Flechon J, Sutovsky P. Onset of RNA synthesis and poly (A) content of early rabbit embryos. Comparison with sheep. Reproduction, Nutrition, Development. 1993; 33: 465–474.

Kannurpatti SS, Joshi PG, Joshi NB. Calcium sequestering ability of mitochondria modulates influx of calcium through glutamate receptor channel. Neurochem Res 2000; 25(12): 1527–36.

Katska-Ksiazkiewicz L, Ryñska B, Gajda B, Smorag Z. Effect of donor stimulation, frozen semen and heparin treatment on the efficiency of in vitro embryo production in goats. Theriogenology. 2004; 62: 576 - 586.

Katz DF, Yanagimachi R. Movements characteristics of hamster and guinea pig spermatozoa upon attachment to the zona pelúcida. Biol Reprod. 1981; 25: 785-791.

Keen CL, Ensunsa JL, Lönnerdal, Zidenberg-Cherr S. Manganese. En: Caballero B Guide to Nutritional Supplements. Oxford, UK, Ed Elsevier, 2009.

Keller JN, Kindy MS, Holtsberg FW, St Clair DK, Yen HC, Germeyer A, Steiner SM, Bruce-Keller AJ, Hutchins JB, Mattson MP. Mitochondrial manganese superoxide dismutase prevents neural apoptosis and reduces ischemic brain injury: suppression of peroxynitrite production, lipid peroxidation, and mitochondrial dysfunction. J Neurosci. 1998; 18(2): 687-97.

Kemmerer AR, Elvehjem CA and, Hart EB. Studies on the relation of manganese to the nutrition of the mouse. Journal of Biological Chemistry. 1931; 92: 623–630.

Kerr JF, Wyllie AH, Currie AR. Apoptosis: a basic biological phenomenon with wide-ranging implications in tissue kinetics. Br. J. Cancer. 1972; 26: 239–257.

Kim SK, Minami N, Yamada M, Utsumi K. Functional role of cumulus cells during maturation in development of in vitro matured and fertilized bovine oocytes. Theriogenology 1996; 45: 278.

Kincaid RL. Assessment of trace mineral status of ruminants: a review. Proc Am Soc Anim Sci. 1999; 1–10.

Komorowski S, Szczepanska K, Maleszewski M. Distinct mechanisms underlie sperm-induced and protease-induced oolemma block to sperm penetration. Int J Dev Biol. 2003; 47(1):65-9.

Kouzarides T. Chromatin modifications and their function. Cell. 2007;128:693–705

Krarup T, Pedersen T, Faber M. Regulation of oocyte growth in the mouse ovary. Nature. 1969; 224: 187-188.

Krisher RL, Bavister BD. Responses of oocytes and embryos to the culture environment. Theriogenology. 1998; 49: 103-114.

Kroemer G. Mitochondrial control of apoptosis: an introduction. Biochem Biophys Res Commun. 2003; 304(3):433-5.

Kroemer G, Zamzani N, Susin SA. Mitochondrial control of apoptosis. Immunol. Today. 1997; 18: 44–51.

Lafleur MVM, Hoorweg JJ, Joenje H, Westmijze EJ, Retel J. The ambivalent role of glutathione in the protection of DNA against single oxygen. Free radical Res. 1994; 21: 9 - 17.

Lambert RD, Bernard C, Rioux JE, Ealand R, D' Amours D, Montreuil A. Endoscopy in cattle by the paralumbar route: technique for ovarian examination and follicular aspiration. Theriogenology. 1983; 20: 149-161.

Lancaster R, Catt J, Rhodes S, Polege C. Bull and breed specific effects of heparin-capacitated bovine sperm on in vitro of in vitro maturated follicular oocytes. Proceedings of the Six European Congress of the Embrio Transfer Association (Lyon), Francia, 1990, p. 166.

Langlais J, Kan FWK, Granger L, Raymond L, Bleau G, Roberts KD. Identification of sterol acceptors that stimulates cholesterol efflux from human spermatozoa during in vitro capacitation. Gamete Res. 1988; 16: 185-210.

Langlais J, Roberts KD. A molecular membrane model of sperm capacitation and the acrosome reaction of mammalian spermatozoa. Gamete Res. 1985; 12: 183-224.

Larsen WJ. Mechanisms of gap junction modulation. En: Sperelakis N, Cole WC Cell Interactions and Gap Junctions. Vol. I. Boca Raton, FL, CRC Press; 1989, p. 3-27.

Larsen WJ, Wert SE. Role of cell junctions in gametogenesis and in early embryonic development. Tissue & Cell 1988; 20:809-848.

Lassiter JW, Miller WJ, Neathery MW, Gentry RP, Abrams E, Carter C Jr., Stake PE. Manganese metabolism and homeostasis in calves and rats. En: Hoekstra WG Trace element metabolism in animals - TEMA 2. University Park Pres, 1974.

Lawson KA, Dunn NR, Roelen BA, Zeinstra LM, Davis AM, Wright CV, Korving JP, Hogan BL. Bmp4 is required for the generation of primordial germ cells in the mouse embryo. Genes Dev. 1999; 13:424–436.

Leach, R. M. Jr., and A. Muenster. Studies on the role of manganese in bone formation. J. Nutr. 1962; 78: 51–56.

Lebovitz RM, Zhang H, Vogel H, Cartwright J, Jr, Dionne L, Lu N, Huang S, Matzuk MM. Neurodegeneration, myocardial injury, and perinatal death in mitochondrial superoxide dismutase-deficient mice. Proc Natl Acad Sci U S A. 1996; 93: 9782–9787.

Ledan E, Polanski Z, Terret M-E, Maro B. Meiotic maturation of the mouse oocyte requires an equilibrium between cyclin B synthesis and degradation. Developmental Biology 2001; 232: 400–413.

Lee D-Y, Johnson PE. Factors affecting absorption and excretion of ^{54}Mn in rats. J Nutr 1988; 118: 1509–16.

Lee KS, Joo BS, Na YJ, Yoon MS, Choi OH, Kim WW. Cumulus cell apoptosis as an indicator to predict the quality of oocytes and the outcome of IVF-ET. J Assist Reprod Genet 2001; 18: 490–8.

Lee MA, Storey BT. Bicarbonate is essential for fertilization of mouse eggs; Mouse sperm require it to undergo the acrosome reaction. Biol. Reprod. 1986; 34: 349-356.

Lefievre L, Conner SJ, Salpekar A, Olufowobi O, Ashton P, Pavlovic B, Lenton W, Afnan M, Brewis IA, Monk M, Hughes DC, Barratt CLR. Four zona pellucida glycoproteins are expressed in the human. Hum Reprod. 2004; 19: 1580–6.

Lei ZM, Mishra S, Zou W, Xu B, Foltz M, Li X, Rao CV. Targeted disruption of luteinizing hormone/human chorionic gonadotropin receptor gene. Mol Endocrinol. 2001; 15:184–200.

Li L, Zheng P, Dean J. Maternal control of early mouse development. Development. 2010; 137: 859 - 870.

Li X, Morris LH, Allen WR. Influence of co-culture during maturation on the developmental potential of equine oocytes fertilized by intracytoplasmic sperm injection (ICSI). Reproduction. 2001; 121:925-932.

Li Y, Huang TT, Carlson EJ, Melov S, Ursell PC, Olson JL, Noble LJ, Yoshimura MP, Berger C, Chan PH, Wallace DC, Epstein CJ. Dilated cardiomyopathy and neonatal lethality in mutant mice lacking manganese superoxide dismutase. Nat Genet. 1995; 11: 376–381.

Liang CG, Su YQ, Fan HY, Schatten H, Sun QY. Mechanisms regulating oocyte meiotic resumption: roles of mitogen-activated protein kinase. Mol Endocrinol. 2007; 21(9):2037-55.

Lodde V, Modina S, Galbusera C, Franciosi F, Luciano AM. Large-scale chromatin remodeling in germinal vesicle bovine oocytes: interplay with gap junction functionality and developmental competence. Molecular Reproduction and Development 2007; 74: 740–749.

Lonergan P, Monaghan P, Rizos D, Boland MP, Gordon I. Effect of follicle size on bovine oocyte quality and developmental competence following maturation, fertilization, and culture in vitro. Mol. Reprod. Dev. 1994; 37: 48-53.

Lopes AS, Lane M, Thompson JG. Oxygen consumption and ROS production are increased at the time of fertilization and cell cleavage in bovine zygotes. Hum Reprod. 2010; 25 (11): 2762 - 2773.

Lu KH, Gordon I, Chen HB, McGovern H. In vitro culture of early bovine embryos derived from in vitro fertilization of follicular oocytes matured in vitro. Proceedings of the Third Scientific Meeting of the European Embryo Transfer association, 1987, p 70, Lyon, France.

Luberda Z. The role of glutathione in mammalian gametes. Reprod Biol. 2005; 5(1):5-17.

Lucaciu CM, Dragu C, Copaescu L, Morariu VV. Manganese transport through human erythrocyte membranes. An EPR study. Biochim Biophys Acta 1997; 1328(2):90–8.

Luciano AM, Goudet G, Perazzoli F, Lahuec C, Gerard N. Glutathione content and glutathione peroxidase expression in in vivo and in vitro matured equine oocytes. Mol Reprod Dev. 2006; 73:658–666.

Luciano AM, Lodde V, Beretta MS, Colleoni S, Lauria A, Modina S. Developmental capability of denuded bovine oocyte in a co-culture system with intact cumulus-oocyte complexes: role of cumulus cells, cyclic adenosine 3',5'-monophosphate, and glutathione. Mol Reprod Dev. 2005; 71(3):389-97.

Luciano AM, Modina S, Gandolfi F, Lauria A, Armstrong DT. Effect of cell-to-cell contact on in vitro deoxyribonucleic acid synthesis and apoptosis responses of bovine granulosa cells to insulin-like growth factor-I and epidermal growth factor Biology of Reproduction. 2000; 63: 1580– 1585

Luttmer SJ, Longo FJ. Ultrastructural and morphometric observations of cortical endoplasmic reticulum in Arbacia, Spisula and mouse eggs . Dev. Growth & Differ. 1985; 27 :349-359 .

Madison V, Avery B, Greve T. Selection of immature bovine oocytes for developmental potential in vitro. Anim. Reprod. Sci. 1992; 27: 1-11.

Maedomari N, Kikuchi K, Ozawa M, Noguchi M, Kaneko H, Ohnuma K, Nakai M, Shino M, Nagai T, Kashiwazaki N. Cytoplasmic glutathione regulated by cumulus cells during porcine oocytes maturation affects fertilization and embryonic development in vitro. Theriogenology. 2007; 67: 983–993.

Mahi CA, Yanagimachi R. The effects of temperature, osmolality and hydrogen ion concentration on the activation and acrosome reaction of golden hamster spermatozoa. J Reprod Fertil. 1973; 35 (1): 55-66.

Maluchnik D, Borsuk E. Sperm entry into fertilised mouse eggs. Zygote. 1994; 2: 129-31.

Mann T, Lutwak-Mann C (Eds). Male reproductive function and semen. Springer-Verlag, New Springer-Verlag, New York, 1981.

Mao J, Wu G, Smith MF, McCauley TC, Cantley TC, Prather RS, Didion BA, Day BN. Effects of culture medium, serum type, and various concentrations of follicle-stimulating hormone on porcine preantral follicular development and antrum formation in vitro. Biol Reprod. 2002; 67: 1197–1203.

Mapletoft RJ, Hasler JF. Assisted reproductive technologies in cattle: a review. Rev Sci Tech. 2005; 24 (1): 393-403

Marangos P, Carroll J. The dynamics of cyclin B1 distribution during meiosis I in mouse oocytes. Reproduction. 2004; 128(2):153-62.

Marteil G, Richard-Parpaillon L, Kubiak JZ. Role of oocyte quality in meiotic maturation and embryonic development. Reprod Biol. 2009; 9(3):203-24.

Martin HL, Teismann P. Glutathione--a review on its role and significance in Parkinson's disease. FASEB J. 2009; 23(10): 3263-72.

Martínez Madrid B. Estudio de la fecundación "in vitro" en porcino: reducción de la poliespermia y optimización de la producción "in vitro" de embriones. Tesis doctoral. Facultad de Veterinaria. Universidad Complutense de Madrid. 2002.

Martinvalet D, Zhu P, Lieberman J. Granzyme A induces caspase-independent mitochondrial damage, a required first step for apoptosis. Immunity. 2005; 22 (3): 355-370.

Masters DG, Paynter DI, Briegel J, Baker SK, Purser DB. Influence of manganese intake on body, wool and testicular growth of young rams and on the concentration of manganese and the activity of manganese enzymes in tissues. Australian Journal of Agricultural Research. 1988; 39: 517–524.

Masui Y, Clark H. Regulation of oocyte maturation. Int Rev Cytol. 1979; 57: 185-282.

Masui Y, Markert CL. Cytoplasmic control of nuclear behavior during meiotic maturation of frog oocytes. Journal of Experimental Zoology. 1971; 117: 129–146.

Matos L, Stevenson D, Gomes F, Silver-Carvalho JL, Almeida H. Superoxide Dismutase expression in human cumulus oophorus cells. Mol Hum Reprod 2009; 15:411–419.

Mattioli M, Bacci ML, Galeati G, Seren E. Developmental competence of pig oocytes matured and fertilized in vitro. Theriogenology. 1989; 31: 1201-1207.

Mattson BA, Albertini DF. Oogenesis: Chromatin and microtubule dynamics during meiotic prophase. Mol Reprod Dev. 1990; 25: 374-384.

Matzuk MM, Burns KH, Viveiros MM, Eppig JJ. Intercellular communication in the mammalian ovary: oocytes carry the conversation. Science. 2002; 296: 2178–2180.

Mauleon P. Cinétique de l´ovogeenèse chez les mammifères. Arch Anat Micros Morphol Exp. 1967; 56: 125-150.

Mc Leskey SO, Dowds C, Carballada R, White RR, Saling PM. Molecules involved in mammalian sperm-egg interaction. Int Rep Cytol. 1998; 177: 57-113.

McLachlan RI, O'Donnell L, Meachem SJ, Stanton PG, De Kretser DM, Pratis K, Robertson DM. Identification of specific sites of hormonal regulation in spermatogenesis in rats, monkeys, and man. Recent Prog Horm Res 2002a; 57: 149–179.

McPartlin LA, Suarez SS, Czaya CA, Hinrichs K, Bedford-Guaus SJ. Hyperactivation of stallion sperm is required for successful in vitro fertilization of equine oocytes. Biol Reprod. 2009; 81 (1): 199-206.

Meister A. Glutathione Metabolism and Its Selective Modification. The Journal of Biological Chemistry. 1988; 25: 17205-17208.

Memili E, First NL. Developmental changes in RNA polymerase II in bovine oocytes, early embryos, and effect of alpha-amanitin on embryo development. Mol. Reprod. Dev. 1998; 51:381-389.

Ménézo Y, Pluntz L, Chouteau J, Gurgan T, Demirol A, Dalleac A, Benkhalifa M. Zinc concentrations in serum and follicular fluid during ovarian stimulation and expression of Zn2+ transporters in human oocytes and cumulus cells. Reprod Biomed. 2011; 22(6): 647-52.

Merton JS, Ask B, Onkundi DC, Mullaart E, Colenbrander B, Nielen M. Genetic parameters for oocyte number and embryo production within a bovine ovum pick-up-in vitro production embryo-production program. Theriogenology. 2009; 72 (7): 885-893.

Miao L, St Clair DK. Regulation of superoxide dismutase genes: implications in disease. Free Radic Biol Med. 2009; 47(4): 344-56.

Miller DJ, Macek MB, Shur BD. Complementarity between sperm surface b1,4-galactosyltransferase and egg-coat ZP3 mediates spermegg binding. Nature 1992; 357: 589-593.

Miller, WJ. New concepts and developments in metabolism and homeostasis of inorganic elements in dairy cattle: A review. J. Dairy Sci. 1975; 58: 1549–1560.

Minami N, Suzuki T, Tsukamoto S. Zygotic gene activation and maternal factors in mammals. J. Reprod. Dev. 2007; 53: 707 - 715.

Miyamura M, Yoshida M, Hamano S, Kuwayama M. Glutathione concentration during maturation and fertilization in bovine oocytes. Theriogenology. 1995; 43(1):282.

Modina S, Luciano AM, Vassena R, Baraldi-Scesi L, Lauria A, Gandolfi F. Oocyte developmental competence after in vitro maturation depends on the persistence of cumulus–oocyte communications which are linked to the intracellular concentration of cAMP. Italian Journal of Anatomy and Embryology. 2001; 106: 241–248.

Mohr A, Buneker C, Gough RP, Zwacka RM. MnSOD protects colorectal cancer cells from TRAIL-induced apoptosis by inhibition of Smac/DIABLO release. Oncogene 2007; 27: 763–774.

Molyneaux KA, Zinszner H, Kunwar PS, Schaible K, Stebler J, Sunshine MJ, O'Brien W, Raz E, Littman D, Wylie C, Lehmann R.. The chemokine SDF1/CXCL12 and its receptor CXCR4 regulate mouse germ cell migration and survival. Development. 2003; 130: 4279–4286

Moor R, Hutching A, Hawkins C, Jung T. Towards a molecular understanding of meiosis in domestic animals. En: Lauria A, Gandolfi F Embrionic Development and Manipulation in Animal Production. Portland Press, London and Chapel Hill, 1992, p. 38-45.

Moor RM, Dai Y, Lee C, Fulka J. Oocyte maturation and embryonic failure. Hum Reprod Update. 1998; 4:223-236.

Moor RM, Smith MW, Dawson MC. Measurement of intercellular coupling between oocytes and cumulus cells using intracellular markers. Exp Cell Res 1980; 126:15-29.

Moor RM, Trounson AO. Hormonal and follicular factors affecting maturation of sheep oocytes in vitro and their subsequent developmental capacity. J. Reprod. Fert. 1977; 49: 101- 109.

Morales P, Overstreet JW, Katz DF. Changes in human sperm motion during capacitation in vitro. J Reprod Fertil. 1988; 83 :119–128.

Mori T, Amano T, Shimizu H. Roles of gap junctional communication of cumulus cells in cytoplasmic maturation of porcine oocytes cultured in vitro. Biol Reprod. 2000; 62: 913–919.

Mortillo S, Wassarman PM. Differential binding of gold-labeled zona pellucida glycoproteins mZP2 and mZP3 to mouse sperm membrane compartments. Development. 1991; 113(1): 141-149.

Mortimer D, Courtot AM, Giovangrande Y, Jeulin C. Do capacitated human sperm show an "activated" pattern of motility?. En: AndreJ The Sperm Cell. The Hague: Mortinus Nijhoff; 1983, p. 349-352.

Morton, DB. In: Immunobiology of Gametes, ed. M. Edidin and M. H. Johnson. Cambridge, Cambridge University Press, 1977, p. 115–155

Mrsny RJ, Waxman L, Meizel, S. Taurine maintains and stimulates motility of hamster sperm during capacitation in vitro. J. exp. Zool. 1979; 210: 123-128.

Mugnier S, Kervella M, Douet C, Canepa S, Pascal G, Deleuze S, Duchamp G, Monget P, Goudet G. The secretions of oviduct epithelial cells increase the equine in vitro fertilization rate: are osteopontin, atrial natriuretic peptide A and oviductin involved?. Reprod Biol Endocrinol. 2009; 7: 129.

Murphy VA, Wadhwani KC, Smith QR, Rapoport SI. Saturable transport of manganese(II) across the rat blood–brain barrier. J Neurochem 1991; 57(3): 948–54.

Nagai T, Funahashi H, Yoshioka K, Kikuchi K. Up date of in vitro production of porcine embryos. Front Biosci. 2006; 11: 2565 - 2573.

Nakahara K, Saito H, Saito T, Ito M, Ohta N, Sakai N, Tezuka N, Hiroi M and Watanabe H. Incidence of apoptotic bodies in membrane granulosa of the patients participating in an in vitro fertilization program. Fertility and Sterility. 1997b; 67: 302–308

Nakahara K, Saito H, Saito T, Ito M, Ohta N, Takahashi T and Hiroi M. The incidence of apoptotic bodies in membrana granulosa can predict prognosis of ova from patients participating in in vitro fertilization programs. Fertility and Sterility. 1997a; 68: 312–317

Neal P, Baker TG. Response of mouse graafian follicles in organ culture to varying doses of follicle-stimulating hormone and luteinizing hormone. J Endocrinol. 1975;65:27–32.

Neill JM, Olds-Clarke P. A computer-assisted assay for mouse sperm hyperactivation demonstrates that bicarbonate but not bovine serum albumin is required. Gamete Res. 1987; 18: 121-140.

Nicholas CR, Chavez SL, Baker VL, Reijo Pera RA. Instructing an embryonic stem cell-derived oocyte fate: lessons from endogenous oogenesis. Endocr Rev. 2009; 30(3):264-83.

Nicolson GH, Yanagimachi R. Cell surface changes associated with the epididymal maturation of mammalian spermatozoa. En: Fawcett DW, Bedford JM The Spermatozoon. Urban & Schwart Zemberg, Baltimore, 1979, p. 187-194.

Nikolajczyk BS, O'Rand MG. Characterization of rabbit testis beta-galactosidase and arylsulfatase A: purification and localization in spermatozoa during the acrosome reaction. Biol Reprod. 1992;46(3):366-78.

Norbury CJ, Zhivotovsky B. DNA damage-induced apoptosis. Oncogene. 2004, 23 (16): 2797 - 2808.

Nurse O. Universal control of mechanism regulating onset of M-phase. Nature. 1990; 334: 503-508.

Oberley, L.W.; Buettner, G.R. Role of superoxide dismutase in cancer: a review. Cancer Res. 1979; 39: 1141–1149.

OishiKa, MachidaK. Inhibition of neutrophil apoptosis by antioxidants in culture medium. Scand. J. Immunol. 1997; 45: 21 - 27

Olive PL, Durand RE, Jackson SM, Le Riche JC, Luo C, Ma R, McLaren DB, Aquino-Parsons C, Thomson TA, Trotter T. The comet assay in clinical practice. Acta Oncol. 1999; 8: 839–44.

Olive PL, Durand RE, Le Riche J, Olivotto IA, Jackson SM. Gel electrophoresis of individual cells to quantify hypoxic fraction in human breast cancers. Cancer Res. 1993; 53: 733–736.

Olson GE, Winfrey VP, Bi M, Hardy DM, Nagdas SK. Zonadhesin assembly into the hamster sperm acrosomal matrix occurs by distinct targeting strategies during spermiogenesis andmaturation in the epididymis. Biol. Reprod. 2004; 71: 1128–1134.

O'Rand MG, Fisher SJ. Localization of zona pellucida binding sites on rabbit spermatozoa and induction of the acrosome reaction by solubilized zonae. Dev Biol. 1987;119(2):551-9.

Orent, E.R. and McCollum, E.V. Effects of deprivation of manganese in the rat. Journal of Biological Chemistry. 1931; 92: 651–678.

Osborn J, Moor R. Time-dependent effects of α-amanitin on nuclear maturation and protein synthesis in mammalian oocytes. J Embryol Exp Morphol. 1983; 73: 317-338

Oubrahim H, Chock PB, Stadtman ER. Manganese (II) induces apoptotic cell death in NIH3T3 cells via a caspase-12-dependent pathway. J. Biol. Chem. 2002; 277: 20135–20138.

Oubrahim H, Stadtman ER, Boon Chock P. Mitochondria play no roles in Mn (II)-induced apoptosis in HeLa cells. Proc. Natl. Acad. Sci. 2001; 98: 9505–9510.

Paasch U, Sharma RK, Gupta AK, Grunewald S, Mascha EJ, Thomas AJ Jr, Glander HJ, Agarwal A. Cryopreservation and thawing is associated with varying extent of activation of apoptotic machinery in subsets of ejaculated human spermatozoa. Biology of Reproduction. 2004; 71: 1828 – 1837.

Palmer E, Bezard J, Magistrini M, Duchamp G. In vitro fertilization in the horse: a retrospective study. Proceeding of the Fifth International Symposium on Equine Reproduction, 1990, p. 124-125, Deauville.

Palmer E, Bezard J, Magistrini M, Duchamp G. In vitro fertilization in the horse: a retrospective study. J Reprod Fertil (Suppl). 1991; 44: 375-384.

Pangas SA, Matzuk MM. The art and artifact of GDF9 activity: cumulus expansion and the cumulus expansion-enabling factor. Biologyof Reproduction 2005; 73: 582–585.

Parrish JJ, Parrish JL, First NL. Effect of swim-up separation and heparin pretreatment of frozen-thawed spermatozoa on in vitro fertilization of bovine oocytes. Biol Reprod. 1984; 30 (1): 112.

Parrish JJ, Susko-Parrish JL, First NL. Role of heparine in bovine sperm capacitation. Biol Reprod. 1985a; 32 (1): 211.

Parrish JJ, Susko-Parrish JL, First NL. In vitro fertilization of bovine oocytes using heparine treated and swim-up separated frozen-thawed bovine semen is repeatable and results in high frequencies of fertilization. Theriogenology. 1985b; 23: 216.

Parrish JJ, Susko-Parrish JL, Winer MA, First NL. Capacitation of bovine sperm by heparin. Biol Reprod. 1988; 38: 1171 - 1180.

Pastore A, Federici G, Bertini E, Piemonte F. Analysis of glutathione: implication in redox and detoxification. Clin. Chim. Acta. 2003; 333 (1): 19–39.

Paules R, Buccione R, Moschel R, Vande Woude G, Eppig J. Mouse Mos protooncogene product is present and functions during oogenesis. Proc Natl Acad Sci USA. 1989; 86: 5395 - 5399.

Paynton B, Rempel R, Bachvarova R (1988). Changes in state of adenylation and time course of degradation of maternal mRNAs during oocyte maturation and early embryonic development in the mouse. Dev. Biol., 129: 304-314.

Pedersen T. Follicle growth in the immature mouse ovary. Acta Endocrinol (kbh). 1969; 62: 117-132.

Pedersen T. Follicle kinetics in the ovaryof the cyclic mouse. Acta Endocrinol (kbh). 1970; 64: 304-323.

Pedersen T. Follicle growth in the mouse ovary. En: Biggers J, Schultz A Oogenesis. University Park Press, Baltimore, 1972, p. 361-367.

Pedersen T, Peters H. Proposal for the classification of oocytes and follicles in the mouse ovary. J Reprod Fertil. 1968; 17: 555-557.

Perreault SD, Barbee RR, Slott VL. Importance of glutathione in the acquisition and maintenance of sperm nuclear decondensing activity in maturing hamster oocytes. Dev Biol. 1988; 125 (1): 181-6 (Abstract).

Peter M. In vitro disassembly of the nuclear lamina and M phase specific phosphorilation of lamins by cdc2 kinase. Cell. 1990; 61: 591-602.

Peters H. The development of the mouse ovary from birth to maturity. Acta Endocrinol (kbh). 1969; 62: 98-116.

Peters H. Folliculogenesis in mammals. En: The vertebrate ovary. Plenum Press, New York, 1978, p. 121-144.

Peters H, Mc Natty KP. The ovary: A correlation of structure and function in mammals. University of California Press, Los Angeles, 1980.

Petrunkina AM, Waberski D, Günzel-Apel AR, Töpfer-Petersen E. Determinants of sperm quality and fertility in domestic species. Reproduction. 2007; 134 (1): 3 - 17.

Phillips DM, Shalgi R. Sperm penetration into rat ova fertilized in vivo. J. Exp. Zool. 1982; 221: 373-378.

Piantadosi CA, Zhang J. Mitochondrial origin of reactive oxygen species after brain ischemia in vivo. Stroke. 1996; 27:327-332.

Picco SJ, Anchordoquy JM, de Matos DG, Anchordoquy JP, Seoane A, Mattioli GA, Errecalde AL, Furnus CC. Effect of increasing zinc sulphate concentration during in vitro maturation of bovine oocytes. Theriogenology. 2010; 74(7): 1141-8.

Picco SJ, Rosa DE, Anchordoquy JP, Anchordoquy JM, Seoane A, Mattioli GA, Furnus CC. Effects of copper sulphate concentrations during in vitro maturation of bovine oocytes. Theriogenology. 2012; 77(2): 373-81.

Pieterse MC, Kappen KA, Kruip ThAM, Taverne MAM. Aspiration of bovine oocytes during trans-vaginal ultrasound scanning of the ovaries. Theriogenology. 1988; 30: 751 - 762.

Piko L, Clegg KB. Quantitative changes in total RNA, total poly(A), and ribosomes in early mouse embryos. Dev Biol. 1982; 89: 362–378

Pincus G. The eggs of mammals. Mc Millan (Ed). New York Press, New York, 1936.

Pincus G, Enzmann E. The comparative behavior of mammalian eggs in vivo and in vitro I. The activation of ovarian eggs. J Exp Med. 1935; 62: 665-675.

Pincus G, Saunders B. The comparative behavior of mammalian eggs in vivo and in vitro VI. The maturation of human ovarian ova. Anat Rec. 1939; 75: 737-741.

Pollard JM, Reboucas JS, Durazo A, Kos I, Fike F, Panni M, Gralla EB, Valentine JS, Batinic-Haberle I, Gatti RA. Radioprotective effects of manganese-containing superoxide dismutase mimics on ataxia-telangiectasia cells. Free Radic Biol Med. 2009; 47 (3): 250-60.

Poul JM, Huet S, Godard T, Sanders P. Lack of genotoxicity of potassium iodate in the alkaline comet assay and in the cytokinesis-block micronucleus test. Comparison to potassium bromate. Food Chem. Toxicol. 2004; 42: 209–215.

Prather RS, Robl JM. "Cloning by Nuclear Transfer and Embryo Splitting in Laboratory and Domestic Animals," Animal Applications of Research in Mammalian Development. 1991; 4:205-232

Primakoff P, Myles DG. Cell-cell membrane fusion during mammalian fertilization. FEBS Lett. 2007; 581 (11): 2174-80.

Ptaszynska M, ed. Compendium de Reproducción Animal. Sinervia Uruguay/Paraguay, 2007.

Rabin O, Hegedus L, Bourre JM, Smith QR. Rapid brain uptake of manganese(II) across the blood–brain barrier. J Neurochem 1993; 61(2):509–17.

Racowsky, C. Effect of forskolin on maintenance of meiotic arrest and stimulation of cumulus expansion, progesterone and cyclic AMP production by pig oocyte±cumulus complexes. J. Reprod. Fertil. 1985; 74: 9- 21.

Racowsky C, Satterlie RA. Metabolic, fluorescent dye and electrical coupling between hamster oocytes and cumulus cells during meiotic maturation in vivo and in vitro. Dev. Biol. 1985; 108, 191-202.

Rajkovic A, Pangas SA, Matzuk MM. Follicular Development: Mouse, Sheep, and Human Models. En: Knobil and Neill's Physiology of Reproduction. Vol 1. Academic Press, USA, 2006, p. 383-424

Ramachandran A, Lebofsky M, Weinman SA, Jaeschke H. The impact of partial manganese superoxide dismutase (SOD2)-deficiency on mitochondrial oxidant stress, DNA fragmentation and liver injury during acetaminophen hepatotoxicity. Toxicol Appl Pharmacol. 2011; 251(3): 226-33.

Rana SVS. Metals and apoptosis: Recent developments. Journal of Trace Elements in Medicine and Biology. 2008; 22: 262 – 284.

Ravnik SE, Zarutskie PW, Muller CH. Purification and characterization of a human follicular fluid lipid ransfer protein that stimulates human sperm capacitation. Biol Reprod. 1992; 47, 1126-1133.

Riccio A, Mattei C, Kelsell RE, Medhurst AD, Calver AR, Randall AD, Davis JB, Benham CD, Pangalos MN. Cloning and functional expression of human short TRP7, a candidate protein for store-operated Ca2+ influx. J Biol Chem 2002; 277(14): 12302–9.

Rienzi L, Vajta G, Ubaldi F. Predictive value of oocyte morphology in human IVF: a systematic review of the literature. Hum Reprod Update. 2011; 17 (1): 34 - 45.

Rodman T, Barth A. Chromosomes of mouse oocytes in maturation:differential trypsin sensitivity and amino acid incorporation. Dev Biol. 1979; 68: 82-95.

Rodrigues BA, Rodrigues JL. Responses of canine oocytes to in vitro maturation and in vitro fertilization outcome. Theriogenology. 2006; 66 (6-7): 1667-72.

Rojas MA, Dyer IA, Cassatt WA. Manganese deficiency in the bovine. J Anim Sci. 1965; 24: 664-7

Roosen-Runge E. Developmental and cell biology series. Vol 10. The process of spermatogenesis in mammals. Cambridge University Press, Cambridge, 1977.

Ruknudin A, Silver IA. Ca2+ uptake during capacitation of mouse spermatozoa and the effect of an anion transport inhibitor on Ca2+ uptake. Mol. Reprod. Dev. 1990; 26: 63-68.

Saling PM. Mammalian sperm interaction with extracellular matrices of the egg. Oxf Rev Reprod Biol. 1989; 11:339-88.

Saling PM, Sowinski J, Storey BT. An ultrastructural study ofepidydimal mouse spermatozoa binding to zona pellucida in vitro: sequential relationship to the acrosome reaction. J. Exp. ZooL. 1979; 209:229-238.

Salustri A, Siracusa G. Metabolic coupling, cumulus expansion and meiotic resumption in mouse cumuli oophori cultured in vitro in the presence of FSH or dcAMP, or stimulated in vivo by hCG. J. Reprod. Fertil. 1983; 68: 335-341.

Salustri A, Yanagishita M, Hascall VC. Synthesis and accumulation of hyaluronic acid and proteoglycans in the mouse cumulus cell-oocyte complex during follicle-stimulating hormone-induced mucification. J Biol Chem. 1989; 264: 13840 – 13847.

Salustri A, Yanagishita M, Underhill CB, Laurent TC, Hascall VC. Localization and synthesis of hyaluronic acid in the cumulus cells and mural granulosa cells of the preovulatory follicle.Dev Biol. 1992; 151(2):541-51.

Santamaria AB. Manganese exposure, essentiality & toxicity. Indian J Med Res. 2008; 128: 484-500

Santamaria AB, Sulsky SI. Risk assessment of an essential element: manganese. J Toxicol Environ Health A 2010; 73: 128–155.

Santella L, De Riso L, Gragnaniello G, Kyozuka K. Cortical granule translocation during maturation of starfish oocytes requires cytoskeletal rearrangementtriggered by InsP3-mediated Ca2þ release. Exp. Cell Res. 1999; 248: 567–574.

Santella L, Kyozuka K. Reinitiation of meiosis in starfish oocytes requires an increase in nuclear Ca2þ. Biochem. Biophys. Res. Commun. 1994; 203: 674–680.

Santos F, Hendrich B, Reik W, Dean W. Dynamic reprogramming of DNA methylation in the early mouse embryo. Dev Biol 2002; 241: 172–182.

Sato E, Koide SS. Forskolin and mouse oocyte maturation in vitro. J ExpZool. 1984; 230:125–129.

Sato E, Miyamoto H, Koide SS. Glycosaminoglycans in porcine folicular fluid promoting viability of oocytes in culture. Mol Reprod Dev. 1990; 26: 391-397.

Saunders PT. Germ cell-somatic cell interactions during spermatogenesis. Reprod Suppl 2003; 61: 91–101.

Sawyer HT, Smith P, Heath DA, Juengel JL, Wakefield SJ, McNatty KP. Formation of ovarian follicles during fetal development in sheep. Biol Reprod. 2002; 66: 1134–1150.

Schrantz N, Blanchard DA, Mitenne F, Auffredou MT, Vazquez A, Leca G. Manganese induces apoptosis of human B cells: caspase-dependent cell death blocked by Bcl-2. Cell Death and Differentiation. 1999; 6: 445 – 453.

Schroeder AC, Eppig JJ. The developmental capacity of mouse oocytes that matured spontaneously in vitro is normal. Developmental Biology. 1984; 102: 493-497.

Schultz R, Letorneau G, Wassarman P. Meiotic maturation of mouse oocytes in vitro: Protein synthesis in the nucleate and anucleate oocyte fragments. J Cell Sci. 1978; 30: 251-264.

Schultz R, Letourneau GE, Wassarman PM. Program of early development in the mammal: changes in the patterns and absolute rates of tubulin and total protein synthesis during oocyte growth in the mouse. Dev. Biol. 1979; 73: 120–133.

Schultz R, MontgomeryR, Belanoff J. Regulation of mouse oocyte meiotic maturation: Implication of a decrease in oocyte cAMP and protein dephosphorylation in commitment to resume meiosis. Dev Biol. 1983; 97: 264-273.

Scrutton MC, Griminger P, Wallace JC. Pyruvate carboxylase: bound metal content of the vertebrate liver enzyme as a function of diet and species. Journal of Biological Chemistry. 1972; 247: 3305–3313.

Scrutton MC, Utter MF, Mildvan AS. Pyruvate carboxylase. 6. The presence of tightly bound manganese. Journal of Biological Chemistry. 1966; 241: 3480–3487.

Sengoku K, Tamate K, Horikawa M, Takaoka Y, Ishikawa M, Dukelow WR. Plasma membrane block to polyspermy in human oocytes and preimplantation embryos. J Reprod Fertil 1995; 105: 85-90.

Shabankareh HK, Zandi M. Developmental potential of sheep oocytes cultured in different maturation media: effects of epidermal growth factor, insulin-like growth factor I, and cysteamine. Fertil Steril. 2010; 94(1):335-40.

Shalgi R, Philups DM, Jones R. Status of the rat acrosome during sperm-zona pellucida interactions. Gamete Res. 1989; 22: 1-13.

Shi L, Wu J. Epigenetic regulation in mammalian preimplantation embryo development. Reproductive Biology and Endocrinology. 2009; 7: 59.

Shioya Y, Kuwayama M, Fukushima M, Iwasaki S. In vitro fertilization and cleavage capability of bovine follicular oocytes classified by cumulus cells and matured in vitro. Theriogenology. 1988; 30: 489-496.

Simon HU, Yehia AH, Schaffer FL. Role of reactive oxygen species (ROS) in apoptosis induction. Apoptosis. 2000; 5:415–418.

Simon M, Jílek F, Fulka J Jr. Effect of cycloheximide upon maturation of bovine oocytes. Reprod Nutr Dev. 1989; 29(5):533-40.

Singh NP, McCoy MT, Tice RR, Schneider EL. A simple technique for quantitation of low levels of DNA damage in individual cells. Exp Cell Res. 1988; 175: 184 - 191.

Sinowatz F, Töpfer-Petersen E, Kölle S, Palma G. Functional morphology of the zona pellucida. Anat Histol Embryol. 2001; 30(5):257-63.

Sirard MA, Lambert RD. In vitro fertilization of bovine follicular oocytes obtained by laparoscopy. Biol Reprod. 1985; 33(2):487-94.

Slavik T, Fulka J. Pregnancies after transfer of sheep embryos produced from oocytes matured and fertilized in vitro. Folia Biologica-Praha. 1991; 37: 94-100.

Slavik T, Fulka J. In vitro fertilization of intact sheep and cattle oocyte with goat spermatozoa. Theriogenology. 1992; 38: 721-726.

Smith LD, Ecker RE. Regulatory processes in the maturation and early cleavage of amphibian eggs. Curr Top Dev Biol. 1971; 5:1-38.

Solc P, Schultz RM, Motlik J. Prophase I arrest and progression to metaphase I in mouse oocytes: comparison of resumption of meiosis and recovery from G2-arrest in somatic cells. Mol Hum Reprod. 2010; 16(9):654-64

Somfai T, Ozawa M, Noguchi J, Kaneko H, Karja NW, Fahrudin M, Nakai M, Maedomari N, Dinnyés A, Nagai T, Kikuchi K. In vitro development of polyspermic porcine oocytes: Relationship between early fragmentation and excessive number of penetrating spermatozoa. Anim Reprod Sci. 2008; 107(1-2): 131 - 147.

Song Y, Leonard SW, Traber MG, Ho E. Zinc deficiency affects DNA damage, oxidative stress, antioxidant defenses, and DNA repair in rats. J Nutr. 2009; 139 (9): 1626 -1631.

Sorensen H, Wassarman P. Relationship between growth and meiotic maturation of the mouse oocytes. Dev Biol. 1976; 50: 531-536.

Spierings D, McStay G, Saleh M, Bender C, Chipuk J, Maurer U, Green DR. Connected to death: the (unexpurgated) mitochondrial pathway of apoptosis. Science 2005; 310: 66 67.

Sreenan JM. In vitro maturation and attempted fertilization of cattle follicular oocytes. J Agric Sci. 1970; 75: 393-396.

Srivastava PM, Munnell JF, Yang CH, Foley CW. Sequential release of acrosomal membranes and acrosomal enzymes of ram spermatozoa. J. Reprod. Fert. 1974; 36: 363-372.

Stauss CR, Votta TJ and Suarez SS. Sperm motility hyperactivation facilitates penetration of the hamster zona pellucida Biology of Reproduction. 1995; 53: 1280–1285.

Sternlicht AL, Schultz RM. Biochemical studies of mammalianoogenesis: kinetics of accumulation of total and poly(A)-containing RNA during growth of the mouse oocyte. J. Exp. Zool. 1981; 215: 191–200.

Stojkovic M, Machado SA, Stojkovic P, Zakhartchenko V, Hutzler P, Gonçalves PB, Wolf E. Mitochondrial distribution and adenosine triphosphate content of bovine oocytes before and after in vitro maturation: correlation with morphological criteria and developmental capacity after in vitro fertilization and culture. Biol Reprod 2001; 64: 904–909

Storey BT, Kopf GS. Fertilization in the mouse II. Spermatozoa. En: Dumbar BS, O´Fand MG A comparative overview of mammalian fertilization. Plenum Press, New York, 1991, p. 167-216.

Su YQ, Eppig JJ. Evidence that multifunctional calcium/calmodulin-dependent protein kinase II (CaM KII) participates in the meiotic maturation of mouse oocytes. Mol. Reprod. Dev. 2002; 61: 560–569.

Suarez SS. Control of hyperactivation in sperm. Hum Reprod Update. 2008, 14(6): 647-57.

Suarez SS, Dai XB. Hyperactivation enhances mouse sperm capacity for penetrating viscoelastic media. Biol Reprod 1992; 46:686-691.

Suarez SS, Dai XB, DeMott RP, Redfern K, Mirando MA. Movement characteristics of boar sperm obtained from the oviduct or hyperactivated in vitro. J Androl. 1992; 13 (1): 75-80.

Suarez SS, Katz DF, Owen DH, Andrew JB, Powell RL. Evidence for the function of hyperactivated motility in sperm. Biol Reprod. 1991; 44 (2): 375-381

Sun F, Bahat A, Gakamsky A, Girsh E, Katz N, Giojalas LC, Tur-Kaspa I, Eisenbach M. Human sperm chemotaxis: Both the oocyte and its surrounding cumulus cells secrete sperm chemoattractants. Hum. Reprod. 2005; 20: 761–67.

Sun QY, Miao YL, Schatten H. Towards a new understanding on the regulation of mammalian oocyte meiosis resumption. Cell Cycle. 2009; 8 (17): 2741 - 2747.

Sun QY, Nagai T. Molecular Mechanisms Underlying Pig Oocyte Maturation and Fertilization. J. Reprod. Dev. 2003; 49: 347 – 359.

Sun QY, Schatten H. Regulation of dynamic events by microfilaments during oocyte maturation and Fertilization. Reproduction. 2006; 131: 193–205.

Sutton ML, Gilchrist RB, Thompson JG. Effects of in-vivo and in-vitro environments on the metabolism of the cumulus-oocyte complex and its influence on oocyte developmental capacity. Hum Reprod Update. 2003; 9(1):35-48.

Sutton-McDowall ML, Gilchrist RB, Thompson JG. The pivotal role of glucose metabolism in determining oocyte developmental competence. Reproduction. 2010; 139(4):685-95.

Sybeck K. In vitro maturation of oocytes from sexually immature mice. J. Endocrinol. 1972; 54: 527-528.

Sziraki I, Rauhala P, Chiueh CC. Novel protective effect of manganese against ferrous citrate-induced lipid peroxidation and nigrostriatal neurodegeneration in vivo Brain Res. 1995; 698: 285–287.

Sziraki I, Rauhala P, Koh KK, van Bergen P and Chiueh CC. Implications for atypical antioxidative properties of manganese in iron-induced brain lipid peroxidation and copper-dependent low density lipoprotein conjugation. Neurotoxicology. 1999; 20: 455–466.

Takahashi M, Nagai T, Hamano S, Kuwayama M, Okamura N, Okano A. Effect of thiol compounds on in vitro development and intracellular glutathione content of bovine embryos. Biol Reprod. 1993; 49 (2): 228-232.

Taneja M, Bols PEG, Van de Velde A, Ju JC, Schreiber D, Tripp DW, Levine H, Echelard Y, Riesen J, Yang X. Developmental Competence of Juvenile Calf Oocytes In Vitro and In Vivo: Influence of Donor Animal Variation and Repeated Gonadotropin Stimulation. Biol. Reprod. 2000; 62 (1): 206-213.

Tanghe S, Van Soom A, Nauwynck H, Coryn M, de Kruif A. Minireview: Functions of the cumulus oophorus during oocyte maturation, ovulation, and fertilization. Mol Reprod Dev. 2002; 61: 414–424.

Tatemoto H, Sakurai N, Muto N. Protection of porcine oocytes against apoptotic cell death caused by oxidative stress during in vitro maturation: role of cumulus cells. Biol. Reprod. 2000; 63: 805–810.

Telford N, Watson A, Schultz G. Transition from maternal to embryonic control in early mammalian development: A comparison of several species. Mol. Reprod. Dev. 1990; 26: 90–100.

Terret ME, Wassmann K, Waizenegger I, Maro B, Peters JM, Verlhac MH. The meiosis I-to-meiosis II transition in mouse oocytes requires separase activity. Current Biology. 2003; 13: 1797–1802.

Tervit HR, WhittinghamDG, Rowson LEA. Successful cultura in vitro of sheep and cattle ova. J Reprod Fertil. 1972; 30: 493 - 497.

Thibier M. Transfers of both in vivo derived and in vitro produced embryos in cattle still on the rise and contrasted trends in other species in 2005. Int Embryo Transfer Soc Newslett. 2006; 24:12-18.

Tice RR, Strauss GH. The single cell gel electrophoresis/comet assay: a potential tool for detecting radiation-induced DNA damage in humans. Stem Cells. 1995; 1: 207 – 214.

Tilly JL, Kowalski KI, Johnson AL, Hsueh A. Involvement of apoptosis in ovarian follicular atresia and postovulatory regression. Endocrinology. 1991; 129: 2799–2801.

Toyoda Y, Yokoyama M, Hoshi T. Studies on the fertilization of mouse eggs in vitro. Jpn J Anim. Reprod. 1971; 16: 147-157.

Trounson A. The production of rumiant embryos in vitro. Anim Reprod Sci. 1992; 28: 125-137.

Trounson A, Anderiesz C, Jones G. Maturation of human oocytes in vitro and their developmental competence. Reproduction 2001; 121:51-75.

Tsafiri A. Oocyte maturation in mammal. En: Jones R The vertebrate ovary. Plenum Press, New York, 1978, p. 409-442.

Tsafiri A. The control of meiotic maturation in mammals. En: Metz C, Monroy A Biology of fertilization. Vol 1. Academic Press, New York, 1985, 221-252.

Underwood EJ, Suttle NF. The Mineral Nutrition of Livestock. CABI Publishing, London, UK, 1999.

Uto N, Yoshimatsu N, Lopata A, Yanagimachi R. Zona-induced acrosome reaction of hamster spermatozoa. J Exp Zool. 1988; 248(1):113-20.

Valachova K, Kogan G, Gemeiner P, Šoltes L. Protective eff ects of manganese(II) chloride on hyaluronan degradation by oxidative system ascorbate plus cupric chloride. Interdisc Toxicol. 2010; 3: 26–34.

Van Blerkom J. Protein synthesis during oogenesis and early embryogenesis in the mammal. En: Metz C, Monroy A Biology of fertilization. Vol 3. Academic Press, New York, 1985, p. 379-401.

van den Hurk R, Dijkstra G, van Mil FN, Hulshof SCJ, van den Ingh TSGA. Distribution of the intermediate filament proteins vimentin, keratin and desmin in the bovine ovary. Mol Reprod Dev. 1995; 41: 459–467.

van den Hurk R, Zhao J. Formation of mammalian oocytes and their growth, differentiation and maturation within ovarian follicles. Theriogenology. 2005; 63: 1717–1751.

Van Remmen H, Ikeno Y, Hamilton M, Pahlavani M, Wolf N, Thorpe SR, Alderson NL, Baynes JW, Epstein CJ, Huang TT, Nelson J, Strong R, Richardson A. Life-long reduction in

MnSOD activity results in increased DNA damage and higher incidence of cancer but does not accelerate aging. Physiol Genomics. 2003; 16(1): 29-37.

Vanderhyden BC, Armstrong DT. Role of cumulus cells and serum on the in vitro maturation, fertilization, and subsequent development of rat oocytes. Biol Reprod. 1989; 40(4):720-8.

Vandevoort CA, Tollner TL, Overstreet JW. Sperm-zona pellucida interaction in cynomolgus and rhesus macaques. J Androl. 1992; 13(5):428-32.

Vassalli JD, Huarte J, Belin J, Gubler P, Vassalli A, O'Connell ML, Parton LA, Rickles RJ, Strickland S. Regulated polyadenylation controls mRNA translation during meiotic maturation of mouse oocytes. Genes Dev. 1989; 3: 2163 - 2171.

Velázquez A, Delgado NM, Rosado A. Taurine content and amino acid composition of human acrosome. Life Sci. 1986; 38 (11): 991-995.

Visconti PE, Bailey JL, Moore GD, Pan D, Olds-Clarke P, Kopf GS. Capacitation of mouse spermatozoa. I. Correlation between the capacitation state and protein tyrosine phosphorylation. Development. 1995a; 121: 1129-1137

Visconti PE, Moore GD, Bailey JL, Leclerc P, Connors SA, Pan D, Olds-Clarke P and Kopf GS. Capacitation of mouse spermatozoa. II. Protein tyrosine phosphorylation and capacitation are regulated by a cAMP-dependent pathway. Development. 1995b; 121: 1139-1150

Voronina E, Wessel GM. The regulation of oocyte maturation. Curr Top Dev Biol. 2003, 58: 53-110.

Vozzi C, Formenton A, Chanson A, Senn A, Sahli R, Shaw P, Nicod P, Germond M, Haefliger JA. Involvement of connexin 43 in meiotic maturation of bovine oocytes. Reproduction. 2001; 122: 619–628.

Wan PC, Hao ZD, Zhou P, Wu Y, Yang L, Cui MS, Liu SR, Zeng SM. Effects of SOF and CR1 media on developmental competence and cell apoptosis of ovine in vitro fertilization embryos. Anim Reprod Sci. 2009; 114: 279 - 288.

Wang JYJ. DNA damage and apoptosis. Cell Death and Differentiation. 2001, 8: 1047 – 1048.

Wang LY, Wang DH, Zou XY, Xu CM. Mitochondrial functions on oocytes and preimplantation embryos. J Zhejiang Univ Sci B. 2009; 10(7): 483-92.

Wang WH, Abeydeera LR, Cantley TC, Day BN. Effects of oocyte maturation media on development of pig embryos produced by in vitro fertilization. J Reprod Fertil. 1997; 111: 101 - 108.

Ward JD, Spears JW, Kegley EB. Effect of trace mineral source on mineral metabolism, performance and immune response in stressed cattle. J. Anim. Sci. 1992; 70 (Suppl. I): 300 (Abstr.).

Wassarman PM. Oogenesis: Synthetic events in the developing mammalian egg. En: Hartmann J Mechanism and control of animal fertilization. Academic Press, New York, 1983, p. 1-54.

Wassarman, P.M. The biology and chemistry of fertilization. Science. 1987; 235: 553-560.

Wassarman PM. Profile of a mammalian sperm receptor. Development. 1990; 108: 1-17.

Wassarman PM, Albertini DF. The mammalian ovum. En: Knobil E, Neill JD The Physiology of Reproduction, 1994.

Wassarman P, Letorneau G. RNA synthesis in fully-grown mouse oocytes. Nature. 1976; 361: 73-74.

Wassarman PM, Mortillo S. Structure of the mouse egg extracellular coat, the zona pellucida. Int Rev Cytol. 1991; 130: 85-110.

Wassarman P, Schultz R, Letorneau G, La Marca M, Bleil J. Meiotic maturation of mouse oocytes in vitro. En: Channing C, Marsh J, Sadler W Ovarian folicular an corpus luteum function. Plenum Press, New York, 1979, p.251-268.

Watanabe N, Hunt T, Ikawa Y, Sagata. Independent inactivation of MPF and cytostatic factor (MOS) upon fertilization on Xenopus eggs. Nature. 1991; 352: 247-249.

Watson PF, Plummer JM. Relationship between calcium binding sites and membrane fusion during the acrosome reaction induced by ionophore in ram spermatozoa Journal of Experimental Zoology. 1986; 238: 113–118.

Webb R, Campbell BK, Garverick HA, Gong JG, Gutierrez CG, Armstrong DG. Molecular mechanisms regulating follicular recruitment and selection. J Reprod Fertil Suppl. 1999; 54: 33–48.

Webb R, Garnsworthy PC, Gong JG, Armstrong DG. Control of follicular growth: local interactions and nutritional influences. J Anim Sci. 2004; 82 E-Suppl: E63-74.

Webb R, Nicholas B, Gong JG, Campbell BK, Gutierrez CG, Garverick HA, Armstrong DG. Mechanisms regulating follicular development and selection of the dominant follicle. Reprod Suppl. 2003; 61: 71-90.

Weber S, Dorman DC, Lash LH, Erikson K, Vrana KE, Aschner M. Effects of manganese (Mn) on the developing rat brain: oxidative-stress related endpoints. Neurotoxicology. 2002; 23(2): 169-75.

Wedekind KJ, Titgemeyer EC, Twardock R, Baker D. Phosphorus but not calcium affects manganese absorption and turnover in chicks. Journal of Nutrition. 1991; 121, 1776–1786.

Weigand E, Kirchgessner, M, Helbig V. True absorption and endogenous faecal excretion of manganese in relation to its dietary supply in growing rats. Biological Trace Element Research. 1986; 10: 265–279.

Whitaker BD, Knight JW. Exogenous g-glutamyl cycle compounds supplemented to in vitro maturation medium influence in vitro fertilization, culture, and viability parameters of porcine oocytes and embryos. Theriogenology. 2004; 62: 311–322.

Wickramasinghe D, Ebert KM, Albertini DF. Meiotic competence acquisition is associated with the appearance of M-phase. Characteristic in growing mouse oocytes. Dev Biol. 1991; 143: 162-172.

Wilson RD, Weigel KA, Fricke PM, Rutledge JJ, Leibfried-Rutledge ML, Matthews DL, Schutzkus VR. In vitro production of Holstein embryos using sex-sorted sperm and oocytes from selected cull cows. J Dairy Sci. 2005; 88(2):776-82.

Wilson WL, Oliphant G. Isolation and biochemical characterization of the subunits of the rabbit sperm acrosome-stabilizing factor. Biol Reprod. 1987; 37: 159-169.

Wimhurst JM, Manchester KL. Some Aspects of the Kinetics of Rat Liver Pyruvate Carboxylase Biochem. J. 1970; 120: 79-93.

Wolf, DP. The block to sperm penetration in zona-free mouse ova. Dev. Biol. 1978; 64: 1-10.

Wongsrikeao P, Kaneshige Y, Ooki R, Taniguchi M, Agung B, Nii M, Otoi T. Effect of the removal of cumulus cells on the nuclear maturation, fertilization and development of porcine oocytes. Reprod Domest Anim. 2005; 40: 166–170.

Xia J, Reigada D, Mitchell CH, Ren D. CATSPER channel-mediated Ca2+ entry into mouse sperm triggers a tail-to-head propagation. Biol Reprod. 2007; 77(3): 551-9.

Yamashita M, Mita K, Yoshida N, Kondo T. Molecular mechanisms of the initiation of oocyte maturation: general and species-specific aspects. Prog Cell Cycle Res. 2000; 4:115-29.

Yanagimachi R. The movement of golden hamster spermatozoa before and after capacitation. J Reprod Fertil 1970; 23: 193–196.

Yanagimachi R. Mechanisms of fertilization in mammals. En: Mastroianni L, Biggers JD Fertilization and Embryonic Development in Vitro. Plenum Press, New York, 1981, p. 81-187.

Yanagimachi, R. Requirments of extracellular calcium ions for various stages of fertilization and fertilization-related phenomena in the hamster. Gamete Res. 1982; 5: 323-344.

Yanagimachi R. Mammalian fertilization. En: Knobil E, Neill J The Physiology of Reproduction. Raven Press, New York, 1988, pp 135-185.

Yanagimachi, R. Mammalian fertilization. En: Knobil E, Neill J The Physiology of Reproduction. Raven Press, New York, 1994, p. 189–317

Yanagimachi R. Mammalian Sperm Acrosome Reaction: Where Does It Begin Before Fertilization?. Biol Reprod. 2011; 85: 4–5.

Yanagimachi R, Usui N. Calcium dependence of the acrosome reaction and activation of guinea pig spermatozoa. Exp Cell Res. 1974; 89 (1): 161-74.

Yin Z, Aschner JL, dos Santos AP, Aschner M. Mitochondrial-dependent manganese neurotoxicity in rat primary astrocytes cultures. Brain Res. 2008; 1203: 1–11.

Yin Z, Jiang H, Lee E, Ni M, Erikson KM, Milatovic D, Bowman AB, Aschner M. Ferroportin is a manganese-responsive protein that decreases manganese cytotoxicity and accumulation. J Neurochem. 2010; 112(5): 1190–1198.

Ying Y, Liu XM, Marble A, Lawson KA, Zhao GQ. Requirement of BMP8b for the generation of primordial germ cells in the mouse. Mol Endocrinol. 2000; 14:1053–1063

Yoshida M. Role of glutathione in the maturationand fertilization of pig oocytes in vitro. Mol Reprod Dev. 1993; 35: 76-81.

Yoshida M, Ishigaki K, Pursel VG. Effect of maturation media on male pronucleus formation in pig oocyte in vitro. Mol Reprod Dev. 1992; 31: 68-71.

Yuan YQ, Van Soom A, Leroy JL, Dewulf J, Van Zeveren A, de Kruif A, Peelman LJ. Apoptosis in cumulus cells, but not in oocytes, may influence bovine embryonic developmental competence. Theriogenology 2005; 63: 2147–2163.

Zeleznik AJ. Premature elevation of systemic estradiol reduces serum levels of follicle-stimulating hormone and lengthens the follicular phase of the menstrual cycle in rhesus monkeys. Endocrinology. 1981; 2: 352 - 355.

Zhao J, Taverne MA, van der Weijden GC, Bevers MM, van den Hurk R. Effect of activin A on in vitro development of rat preantral follicles and localization of activin A and activin receptor II. Biol Reprod. 2001; 65: 967–977.

Zheng YG, Sirard MA. Theeffect of sera, bovine serum albumin and follicular cells on in vitro maturation and fertilization of porcine oocyte. Theriogenology. 1992; 37: 779-790.

Zidenberg-Cherr S, Keen CL, Lönnerdal B, Hurley LS. Superoxide dismutase activity and lipid peroxidation in the rat: developmental correlations affected by manganese deficiency. J Nutr. 1983; 113(12): 2498-504.

Ziomek CA, Johnson MH, Handyside AH. The developmental potential of mouse 16-cell blastomeres. J Exp Zool. 1982; 221:345–355.

Zuckerman S, Baker T. The development of the ovary and the process of oogenesis. En: Zuckerman S, Weir B The Ovary. Vol 1. Academic Press, New York, 1977, p. 48-68.

Zuckerman S, Weir B (Eds.). The ovary. Academic Press, New York, 1977.

Zuelke KA, Jeffay SC, Zucker RM, Perreault SD. Glutathione (GSH) concentrations vary with the cell cycle in maturing hamster oocytes, zygotes, and pre-implantation stage embryos. Molecular Reproduction and Development. 2003; 64: 106-112.

Zuelke KA, Jones DP, Perreault SD. Glutathione oxidation is associates with altered microtubule function and disrupted fertilization in mature hamster oocytes. Biology of Reproduction. 1997; 57; 1413-1420.

FSC
www.fsc.org
MIX
Papier | Fördert
gute Waldnutzung
FSC® C083411

Kolibri 360 GmbH
Ferdinand-Jühlke-Straße 7
99095 Erfurt, Deutschland
produktsicherheit@kolibri360.de

Druck:
CPI Druckdienstleistungen GmbH
im Auftrag der
Kolibri 360 GmbH
Ferdinand-Jühlke-Str. 7
99095 Erfurt